Lecture Notes in Mathematics

A collection of informal reports and seminars
Edited by A. Dold, Heidelberg and B. Eckmann, Zürich

276

Armand Borel

The Institute for Advanced Study, Princeton, NJ/USA

Représentations de Groupes Localement Compacts

Springer-Verlag
Berlin · Heidelberg · New York 1972

AMS Subject Classifications (1970): 22 D 10, 43 A 65

ISBN 3-540-05926-1 Springer-Verlag Berlin · Heidelberg · New York
ISBN 0-387-05926-1 Springer-Verlag New York · Heidelberg · Berlin

Offsetdruck: Julius Beltz, Hemsbach/Bergstr.

PRÉFACE

Ces Notes sont basées sur un rapport écrit en 1967 à l'usage de N. Bourbaki, et n'en diffèrent que par des corrections et quelques changements et additions mineurs. Leur principal but est de fournir une introduction à quelques aspects de la théorie des représentations unitaires de groupes réductifs, et plus particulièrement à un certain nombre de résultats dus en grande partie à Harish-Chandra. En fait, certains ont été établis dans un cadre plus large, et l'on a été amené à considérer plus généralement des représentations de groupes localement compacts dans des espaces vectoriels topologiques localement convexes. Vu la minceur de ce fascicule, et l'immensité du sujet il est clair que l'on n'a pu toucher qu'une petite partie de ce dernier. Dans le choix des matières, le rédacteur s'est laissé guider par l'idée qu'il se faisait du but de ce rapport, ses préférences, son ignorance, et le souci de ne pas s'enliser. Il en est résulté une rédaction en deux chapitres de caractères différents, consacrés, l'un (§§1 à 5) à un certain nombre de notions et théorèmes généraux de base, et l'autre (§§6 à 9), nettement plus spécialisé, à une introduction aux travaux de Harish-Chandra sur la série discrète. On trouvera des indications plus précises sur le contenu des différents paragraphes en tête de ces deux chapitres. La version originale comportait peu de références bibliographiques et se bornait essentiellement à renvoyer aux mémoires originaux pour les théorèmes les plus importants. On en a quelque peu accru le nombre, mais cela principalement pour fournir une orientation et quelques points de repères, et sans chercher à identifier toutes les sources des résultats exposés ici, qui sont en principe connus. Le lecteur trouvera du reste beaucoup plus de détails sur la plupart des questions abordées ici dans le traité de G. Warner [23].

Je ne saurais terminer cette préface sans exprimer ma reconnaissance à N. Bourbaki, qui a lu la première version de ce rapport et a bien voulu me faire part, avec sa compétence, son amabilité et sa bienveillance coutumières, de suggestions pour améliorer le texte et d'un nombre considérable de corrections.

A. Borel

Princeton, N. J., Mai 1972

TABLE DES MATIÈRES

§0. Notations. Formulaire de convolution

A. Notations

0.1. Soit G un groupe. Int g est l'automorphisme intérieur $x \mapsto g.x.g^{-1}$. On écrit aussi ${}^g x$ pour $(\mathrm{Int}\, g)(x)$, x^g pour $(\mathrm{Int}\, g^{-1})(x)$. Si A est une partie de G, alors ${}^G A = (\mathrm{Int}\, G)(A)$. Le groupe dérivé de G est noté DG.

Le normalisateur (centralisateur) d'une partie A de G est noté N(A) (resp. Z(A)).

Si T est un groupe commutatif et $a : T \longrightarrow \mathbb{C}^*$ un homomorphisme, on notera quelquefois t^a la valeur de a sur $t \in T$.

On note $\vee$ l'effet, de l'antiautomorphisme $x \mapsto x^{-1}$ sur un objet attaché à G, et de même $\sim$ représente $\vee$ suivi de la conjugaison complexe, lorsque cela a un sens.

On notera ℓ (resp. r) la représentation régulière gauche (resp. droite) de G, sur un espace de fonctions sur G que le contexte précisera.

0.2. Soit G un groupe de Lie. L'algèbre de Lie d'un groupe de Lie G, H, ... est notée par la minuscule soulignée correspondante. On écrit $D\underline{g}$ pour $[\underline{g}, \underline{g}]$. L'algèbre enveloppante sur $\mathbb{C}$ d'une algèbre de Lie réelle ou complexe est notée $U(\underline{g})$, et son centre $Z(\underline{g})$.

G est dit <u>réductif</u> si son algèbre de Lie l'est.

0.3. Pour les espaces fonctionnels, on suivra à peu près les notations traditionnelles, à cela près que les rondes sont remplacées par des capitales ordinaires. En particulier, si X est un espace localement compact:

C(X) (resp. K(X)): espace des fonctions continues (resp. continues à support compact) sur X, à valeurs complexes.

C'(X): mesures à support compact.

C(X, L): fonctions continues à valeurs dans L, etc.

Si X est une variété:

D(X): fonctions C^∞ à support compact, à valeurs complexes.

E(X): fonctions C^∞, à valeurs complexes.

D'(X) (resp. E'(X)): distributions sur X (resp. à support compact).

D(X, L): fonctions C^∞ à support compact, à valeurs dans le vectoriel L, etc.

EVT signifie espace vectoriel topologique.

B. Convolution

G est un groupe localement compact dénombrable à l'infini, unimodulaire, dx une mesure de Haar sur G.

0.4. On suppose acquis le fait que le produit de convolution de deux mesures sur G, introduit dans [1, Chap. VIII], s'étend aux distributions lorsque G est de Lie. Dans ce n° et le suivant, S, T sont des mesures dans le cas général, ou des distributions si G est de Lie. On note $S(f) = \int f(s)\, dS_x$ la valeur en f de la mesure ou distribution S. On a

(1) $$(S * T)(f) = \int f(x.y)\, dS_x\, dT_y$$

lorsque $S * T$ veut bien exister, par exemple si S ou T est à support compact, et

(2) $$\text{Supp}\,(S * T) \subset \text{Supp}\, S.\ \text{Supp}\, T.$$

Ce produit est bilinéaire, et associatif au moins si les distributions considérées sont, sauf une au plus, à support compacts.

On identifie une fonction f localement sommable à la mesure f.dx. Alors $S * f$ et $f * S$ sont des fonctions (C^∞ si f l'est) satisfaisant à

(3) $$(S * f)(x) = \int f(y^{-1}.x)\, dS_y \qquad (f * S)(x) = \int f(x.y^{-1})\, dS_y$$

(l'un des supports étant supposé compact). En particulier, si f, g sont des fonctions localement sommables, dont l'une est à support compact

(4) $$(f * g)(x) = \int f(x.y^{-1})\, g(y)\, dy = \int f(y)\, g(y^{-1}.x)\, dy\ .$$

0.5. On note ε_x la mesure de Dirac en x. Alors $\varepsilon_x * S$ (resp. $S * \varepsilon_x$) est le translaté à gauche (resp. droite) de S par x. En particulier

(1) $$(\varepsilon_x * f)(y) = f(x^{-1}.y) \qquad (f * \varepsilon_x)(y) = f(y.x^{-1})\ .$$

On a $\varepsilon_x * \varepsilon_y = \varepsilon_{xy}$. Le groupe G opère à droite (resp. gauche) sur C(G), C'(G), etc., ou D(G), D'(G), E(G), ... si G est de Lie, par $* \varepsilon_x$ (resp.

ε_x *).

Remarque. On peut supposer les distributions à valeurs dans des espaces vectoriels topologiques. Si S est à valeurs dans E, et T dans F, alors S * T est à valeurs dans $E \overline{\otimes} F$.

0.6. Soit G de Lie. On identifie $U(\underline{g})$ à l'algèbre des distributions de support l'origine. En particulier

$$(X * f)(x) = \frac{d}{dt} f(e^{-t.X}.x)\Big|_{t=0} \qquad (X \in \underline{g})$$
$$(f * X)(x) = \frac{d}{dt} f(x.e^{-tX})\Big|_{t=0}$$
$$((X_1 \dots X_n) * f)(x) = \frac{d^n}{dt_1 \dots dt_n} f(e^{-t_1 X_1} \dots e^{-t_n X_n}.x)\Big|_{t_1=\dots=t_n=0}$$

$(X_i \in \underline{g})$. L'application $D \longmapsto D *$ (resp. $D \longmapsto * D$) est un isomorphisme (resp. anti-isomorphisme) de $U(\underline{g})$ sur l'algèbre des opérateurs différentiels sur G invariants à droite (resp. gauche). L'automorphisme Ad x de $\underline{g}$ défini par $x \in G$ s'étend en un automorphisme de $U(\underline{g})$. On écrira souvent ${}^xD$ pour (Ad x)(D). On a alors

$${}^xD = \varepsilon_x * D * \varepsilon_{x^{-1}}$$
$$(D * f)(x) = (f * {}^{x^{-1}}D)(x) \qquad (f \in D(G);\ D \in U(\underline{g});\ x \in G) .$$

Lorsque cela simplifie les formules on écrira aussi Df pour $f * \check{D}$ (à moins que ce ne soit pour $D * f$ ou $\check{D} * f$, ou $f * D$; le rédacteur espère qu'il le spécifiera assez nettement pour ne pas augmenter la confusion).

0.7. Lexique. On traduit dans le formalisme précédent quelques notations de Harish-Chandra. Ce dernier note Df(x) ou f(x; D) ou f(x, D) l'effet de l'opérateur différentiel D sur la fonction f. L'algèbre $U(\underline{g})$ est identifiée à l'algèbre des opérateurs différentiels invariants à gauche sur G. On a en particulier

$$Xf(x) = f(x, X) = f(x; X) = \frac{d}{dt} f(x.e^{tX})\Big|_{t=0} .$$

Par conséquent

$$Df(x) = f(x; D) = (f * \check{D})(x)$$

ρ désigne l'anti-isomorphisme de l'algèbre des opérateurs différentiels invariants à gauche sur l'algèbre des opérateurs invariants à droite, qui associe à un champ de vecteurs X invariant à gauche le champ de vecteurs invariants à droite égal à X en e.

$$f(x;\ \rho(X)) = \frac{d}{dt} f(e^{tX}x)\Big|_{t=0} \ .$$

On a alors

$$f(x;\ \rho(D)) = \check{D} * f(x) \qquad (D \in U(\underline{g})) \ .$$

Par convention de notation

$$f(D;\ x) = f(x;\ \rho(D)) \qquad (D \in U(\underline{g})) \ ,$$

(noter la ponctuation dans le membre de gauche). On a donc

$$f(D;\ x) = f(x;\ D^{x}) \ .$$

Autre notation

$$f(x : y) = f(xyx^{-1}) \ .$$

CHAPITRE I. QUELQUES NOTIONS ET RÉSULTATS DE BASE

Introduction

Les §§1 et 2 sont consacrés à des rappels de définitions et résultats dont on a besoin dans la suite, le premier sur la structure et les représentations de l'algèbre enveloppante $U(\underline{g})$ d'une algèbre de Lie réductive, le deuxième sur les groupes compacts. Pour plus de détails, le lecteur pourra consulter par exemple, outre les références données dans le texte: [20, 23] pour le §1 et [4, 22, 23] pour le §2.

Les §§3, 4, 5 par contre donnent en principe des démonstrations complètes. Le §3 débute par quelques généralités sur les représentations continues d'un groupe localement compact G dans un espace vectoriel topologique V localement convexe, séparé, et rapidement supposé complet, et sur les sous-espaces isotypiques V_λ par rapport à un sous-groupe compact K (où λ parcourt l'ensemble R_K des classes d'équivalence de représentations irréductibles de K). Le groupe G est supposé de Lie à partir de 3.8, où l'on introduit le sous-espace V^∞ des vecteurs différentiables. On montre en particulier que si $v \in V^\infty$, la série des projections v_λ de v sur les V_λ converge absolument vers v (3.10). A partir de 3.16, G est réductif connexe, et on établit quelques propriétés importantes des représentations dites "permises" (cf. 3.16, cette condition est automatiquement satisfaite si le centre de G est compact). Soient (π, V) une telle représentation, $\underline{g}$ l'algèbre de Lie de G et Z le centre de $U(\underline{g})$. On prouvera notamment: si K est l'image réciproque d'un sous-groupe compact maximal de $\mathrm{Ad}\,\underline{g}$, et si $v \in V$ est K-fini et Z-fini (i.e. l'ensemble de ses transformés par K ou par Z engendre un espace vectoriel de dimension finie), alors v est fixe par un opérateur $\pi(f)$ $(f \in D(G))$, (3.18); si π est topologiquement irréductible et si Z est représenté par des homothéties dans V^∞ (on dit alors que π est quasi-simple), alors il existe une constante c telle que la multiplicité dans V d'une représentation irréductible λ de K soit majorée par $c.d(\lambda)^2$, où $d(\lambda)$ est le degré de λ (3.23); les classes d'équivalence de représentations topologiquement irréductibles quasi-simples de caractère infinitésimal donné et contenant une représentation donnée λ de K sont en nombre fini (3.25).

Le §4 considère le cas où V est un espace de Hilbert, mais sans supposer π unitaire. Il est principalement consacré à la notion de caractère (4.2) et à l'existence d'un caractère distribution lorsque G est de Lie réductif connexe et π satisfait à certaines hypothèses naturelles (4.3, 4.4).

La discussion des représentations unitaires est abordée au §5. Après quelques généralités sur ces représentations, les opérateurs d'entrelacement (5.4), les représentations primaires de type I (5.6), on donne un critère de décomposition discrète à multiplicités finies (5.7). On définit ensuite les coefficients d'une représentation (5.12), les représentations de carré intégrable, ou plus généralement de carré intégrable modulo le centre (5.14), et on établit diverses formes de relations d'orthogonalité pour leurs coefficients (5.15, 5.19, 5.20, 5.21). On remarque ensuite que si G est de Lie, réductif, connexe, et π irréductible, alors certaines conditions imposées dans les §§3, 4 sont satisfaites d'elles-mêmes et on en tire quelques conséquences, en particulier: π possède un caractère distribution; si $f \in L^2(G)$ à support compact, $\pi(f)$ est de Hilbert-Schmidt; le groupe G est de type I; si $f \in L^2(G)$ est K-finie à gauche et Z-finie, le plus petit sous-espace fermé G-invariant à gauche de $L^2(G)$ contenant f est somme d'un nombre fini de sous-espaces fermés invariants irréductibles (5.27, 5.28).

On a utilisé sans référence les propriétés générales des groupes réductifs, (cf. [17, 20, 23]), et quelques résultats sur les opérateurs compacts ou non bornés d'un espace de Hilbert, la plupart rappelées en 4.0, 5.1, pour lesquels on renvoie à [5]. Enfin, il a été fait une ou deux fois allusion aux algèbres d'opérateurs, sur lesquelles le lecteur pourra consulter [3].

§1. Algèbre enveloppante. (Résultats.)

Dans ce paragraphe, $\underline{g}$ est une algèbre de Lie réductive complexe, U son algèbre enveloppante, $\underline{h}$ une sous-algèbre de Cartan de $\underline{g}$, et W le groupe de Weyl de $\underline{g}$ par rapport à $\underline{h}$.

1.1. Soit [U, U] la sous-algèbre de U engendrée par les commutateurs xy - yx (x, y ∈ U). On a

(1) $$U = Z(\underline{g}) \oplus [U, U] .$$

On note x^o la composante de x dans $Z(\underline{g})$ suivant la décomposition (1). On a $(x^o.y)^o = x^o.y^o$. L'application $x \longmapsto x^o$ est $Z(\underline{g})$-linéaire.

On appelle caractère de U une application linéaire $\chi : U \longmapsto \mathbb{C}$ vérifiant

(3) $$\chi(xy) = \chi(yx), \quad \chi(1) = 1 \quad \text{et} \quad \chi(x^o.y) = \chi(x).\chi(y). \qquad (x, y) \in U) .$$

Un caractère est nul sur [U, U] donc déterminé par sa restriction sur $Z(\underline{g})$, qui est un homomorphisme unifère d'algèbres de $Z(\underline{g})$ dans $\mathbb{C}$; réciproquement un tel homomorphisme est la restriction d'un caractère de U.

1.2. (Cf. [9], [13; §6].) On fixe une chambre de Weyl dans $\underline{h}'_{\underline{R}}$. Soit r la demi-somme des racines positives. Soit $\underline{n}^+$ (resp. $\underline{n}^-$) la sous-algèbre nilpotente maximale sous tendue par les vecteurs propres X_α correspondant aux racines $\alpha > 0$ (resp. $\alpha < 0$). On a $\underline{g} = \underline{n}^+ \oplus \underline{h} \oplus \underline{n}^-$, d'où $U = U(\underline{n}^+) \otimes U(\underline{h}) \otimes U(\underline{n}^-)$. On montre que

(1) $$Z(\underline{g}) \subset U(\underline{h}) + U.\underline{n}^+ .$$

Pour $z \in Z(\underline{g})$ on note $\gamma'(z)$ l'élément de $U(\underline{h})$ qui est égal à z modulo $U.\underline{n}^+$. Soit encore δ l'automorphisme de $U(\underline{h}) \cong S(\underline{h})$ induit par $H \longmapsto H - r(H)$ et soit $\gamma = \delta \circ \gamma'$. Alors γ est un isomorphisme de $Z(\underline{g})$ sur l'algèbre $I(\underline{h})$ des invariants de W dans $U(\underline{h})$.

γ', γ, δ sont compatibles avec la filtration canonique de l'algèbre enveloppante et passent aux gradués associés. On a $Gr\,\delta = Id$. L'image de $Z(\underline{g})$ dans $S(\underline{g})$ est l'algèbre $I(\underline{g})$ des invariants de Ad $\underline{g}$ dans $S(\underline{g})$, $Gr(\gamma) : I(\underline{g}) \longmapsto S(\underline{h})$ est l'homomorphisme de restriction, et applique isomorphiquement $I(\underline{g})$ sur $I(\underline{h})$.

On identifie $S(\underline{g})$ (resp. $S(\underline{h})$) à l'algèbre des polynomes sur $\underline{g}'$ (resp. $\underline{h}'$) de la manière usuelle. A tout $b \in \underline{h}'$ est associée un homomorphisme de $S(\underline{h})$ dans $\mathbb{C}$ obtenu en associant à $p \in S(\underline{h})$ sa valeur en b. On pose

$$\chi_b(z) = \langle \chi(z), b \rangle , \qquad (b \in \underline{h}', \ z \in Z(\underline{g})) .$$

χ_b est un caractère de $Z(\underline{g})$, donc de U, et on obtient ainsi tous les caractères de $Z(g)$, ou U. On a

(1) $$\chi_b = \chi_c \Longleftrightarrow b \in W(c) .$$

1.3. Soient $\underline{g}_o$ une forme réelle de $\underline{g}$, $\underline{k}_o$ une sous-algèbre compacte maximale de $D\underline{g}_o$ et $\underline{k} = \underline{k}_o \otimes \mathbb{C}$. On identifie $U(\underline{k})$ à la sous-algèbre de U engendrée par 1 et $\underline{k}$.

On note $R_{\underline{k}}$ l'ensemble des classes d'équivalence de représentations irréductibles de dimension finie de $U(\underline{k})$. Une représentation de $U(\underline{k})$ dans un vectoriel V est quasi-semi-simple si V est somme directe des sous-modules isotypiques V_λ $(\lambda \in R_{\underline{k}})$.

Soit A une algèbre associative sur $\mathbb{C}$. On dira que deux idéaux à gauche L, M de A sont équivalents si les représentations canoniques de A sur A/L et A/M sont équivalentes.

1.4. THÉORÈME. [10, Thm. 1] *On conserve les notations de 2. 3. Soit J un idéal à gauche de codimension finie de $U(\underline{k})$, tel que la représentation canonique de $\underline{k}$ dans $U(\underline{k})/J$ soit semi-simple. Alors la représentation de $\underline{k}$ dans $U/U.J$ est quasi-semi-simple, et chaque module isotypique $(U/U.J)_\lambda$ $(\lambda \in R_{\underline{k}})$ est un $Z(\underline{g})$-module de type fini.*

1.5. COROLLAIRE. *Soit L un idéal de codimension finie de $U(\underline{k}).Z(\underline{g})$, tel que la représentation canonique de $\underline{k}$ dans $U(\underline{k})/(U(\underline{k}) \cap L)$ soit semi-simple. Alors $U/U.L$ est somme directe de ses sous-modules isotypiques (pour $\underline{k}$), qui sont de dimension finie.*

1.6. THÉORÈME. [11, Thm. 2, Cor. to Thm. 2] *Soit $\lambda \in R_{\underline{k}}$ et N_λ le noyau de λ dans $U(\underline{k})$. Soit χ un caractère non trivial de $Z(\underline{g})$ et N_χ son noyau. Soit $M = M(\lambda, \chi)$ l'ensemble des idéaux à gauche maximaux de U contenant N_λ et N_χ. Soit C le centralisateur de $\underline{k}$ dans U. Si $J \in M$, alors $J \cap C.U(\underline{k})$ est un idéal à gauche maximal de $C.U(k)$, et l'image de $C.U(\underline{k})$ dans U/J est égale à $(U/J)_\lambda$. Deux éléments J, $J' \in M$ sont équivalents si et* seulement si $J \cap C.U(\underline{k})$ et $J' \cap C.U(\underline{k})$ sont équivalents dans $C.U(\underline{k})$. Les éléments de M forment un nombre fini de classes d'équivalence.

Une représentation π de U dans un vectoriel V est dite quasi-simple si $\pi(z) = \chi(z).\mathrm{Id}$ est un scalaire pour tout $z \in Z(\underline{g})$. Dans ce cas, χ est un caractère de $Z(\underline{g})$. Une représentation irréductible est quasi-simple. Le théorème précédent entraine que, étant donné un caractère χ de $Z(\underline{g})$ et un élément $\lambda \in R_{\lambda}$, il n'existe, à équivalence près, qu'un nombre fini de représentations quasi-simples irréductibles de U de caractère χ et dont la restriction à $\underline{k}$ contient un sous-module irréductible de type λ.

1.7. THÉORÈME. [11, Thm. 3] On conserve les notations précédentes. Soit $J \in M(\lambda, \chi)$. La représentation canonique de U dans U/J est quasi-simple, irréductible, et sa restriction à $U(\underline{k})$ est quasi-semi-simple. Il existe un entier N tel que

$$\dim(U/J)_{\mu} \leq N.d(\mu)^2 \qquad (\mu \in R_{\underline{k}})$$

où $d(\mu)$ désigne le degré d'un élément de μ $(\mu \in R_{\underline{k}})$.

1.8. [10, Lemma 9] Enfin, une remarque qui aurait dû être faite plus haut. Soit π une représentation de U dans un vectoriel V. Alors le sous-espace somme des sous-espaces isotypiques V_{λ} $(\lambda \in R_{\underline{k}})$ est stable par U.

1.9. Soient $\underline{g}_o$ une forme réelle de $\underline{g}$, $\underline{a}_o$ une algèbre de Cartan de $\underline{g}_o$. On désigne par $r(f)$ la restriction à $\underline{a}_o$ d'une fonction f sur $\underline{g}_o$. On note π le produit des racines positives (pour un ordre donné). Soient U un ouvert de $\underline{g}_o$ contenant 0, invariant par $\mathrm{Ad}\, \underline{g}_o$, et f une fonction C^{∞} sur U invariante par $\mathrm{Ad}\, \underline{g}_o$. Soient p un élément invariant de $S(\underline{g}_o)$ et ∂p l'opérateur différentiel qui lui est associé. Notons r' l'homomorphisme de $S(\underline{g}_o)$ sur $S(\underline{a}_o)$ qui prolonge la projection orthogonale de $\underline{g}_o$ sur $\underline{a}_o$. On a alors sur U:

(1) $$\pi.\, r(\partial(p).f) = \partial(r'(p))[\pi.\, r(f)] \,.$$

Indiquons encore un analogue global. Soient G_o un groupe connexe d'algèbre de Lie $\underline{g}$, et $A_o = \exp.\, \underline{a}_o$. Soit U un ouvert de G_o contenant e et stable par automorphismes intérieurs. On a alors

(2) $$\Delta.\, r(z * f) = \gamma(z) * (\Delta.\, r(f) \qquad (\text{sur } U \cap A'_o)$$

où: f est C^∞ sur U, invariante par automorphismes intérieurs, $z \in Z(\underline{g})$, A'_o est l'ensemble des éléments réguliers de A_o, r est la restriction à A'_o et $\Delta(t) = \prod_{\alpha>0} (t^{\alpha/2} - t^{-\alpha/2})$.

§2. Groupes compacts. (Résultats.)

2.1. Soit K un groupe compact. Soient dk la mesure de Haar de K de volume total un, R_K l'ensemble des classes d'équivalence de représentations irréductibles de dimension finie de K. Étant donné $\lambda \in R_K$, on note ξ_λ et $d(\lambda)$ le caractère et le degré d'un élément de λ, et l'on pose $e_\lambda = d(\lambda).\overline{\xi}_\lambda$. Si π est une représentation de dimension finie de K, alors V_π désigne l'espace de π. Supposons π unitaire. Étant donnés $u, v \in V_\pi$ on note $c_{u,v}$ ou $c_{\pi,u,v}$, et on appelle coefficient de π, la fonction $k \longmapsto (\pi(k)u, v)$ sur K. Elle est continue, et analytique si K est de Lie. Si π est irréductible, $[\pi]$ désigne sa classe dans R_K.

Bien entendu, on pourrait définir les coefficients de π sans fixer un produit scalaire sur V_π, en prenant v dans le dual de V_π (et de même au §5). Mais cela n'offrirait pas d'avantage ici.

2.2. Relations d'orthogonalité de I. Schur. Soient π, π' des représentations unitaires irréductibles de dimension finie de K. Alors

$$(1)\qquad \int_K c_{\pi,u,v}\,\overline{c}_{\pi',u',v'}\,dk = \begin{cases} d_\pi^{-1}\,(u,u').\overline{(v,v')} & \text{si } \pi = \pi' \\ 0 & \text{si } [\pi] \neq [\pi'] \end{cases}$$

$(u, v \in V_\pi;\ u', v' \in V_{\pi'})$. Cela entraine en particulier

$$(2)\qquad \int \xi_\lambda.\overline{\xi}_\mu\,dk = \delta_{\mu\nu} \qquad (\lambda, \mu \in R_K)\ .$$

2.3. Théorème de Peter-Weyl. L'espace $L^2(K)$ est somme directe hilbertienne de sous-espaces M_λ $(\lambda \in R_K)$ invariants à gauche et à droite par K minimaux, de dimension finie. M_λ est sous-tendu par les coefficients d'une représentation de classe λ. Par suite M_λ est formé de fonctions continues (resp. analytiques si K est de Lie). On a

$$(1)\qquad e_\lambda * \varepsilon_k = \varepsilon_k * e_\lambda \qquad (k \in K;\ \lambda \in R_K)$$

et $e_\lambda *$ (resp. $* e_\lambda$) est le projecteur de $L^2(K)$ sur M_λ. En particulier

$$(2)\qquad e_\lambda * e_\mu = \delta_{\lambda\mu}\,e_\lambda \qquad (\lambda, \mu \in R_K)\ .$$

Soit π une représentation de classe λ. Alors $M_\lambda \xrightarrow{\sim} V'_\lambda \otimes V_\lambda$ et la restriction de $(\ell \times r)$ à M_λ est isomorphe à $\check{\pi} \otimes \pi$ (ou $\check{\pi}$ est la contragrédiente de π). Soit $f \in L^2(K)$. On a $f * e_\lambda = e_\lambda * f$; la série

(3) $$\Sigma f * e_\lambda$$

converge vers f dans L^2, et même dans $D(K)$ si K est de Lie et f est C^∞. La somme directe des M_λ est dense dans $C(K)$ pour la convergence uniforme.

Les caractères forment une base orthonormale pour l'espace des fonctions centrales (i.e., invariantes par Int K) dans $L^2(K)$. Toute fonction continue centrale est limite uniforme de combinaisons linéaires finies de caractères.

2.4. Soient π une représentation unitaire de dimension finie de K, et ξ son caractère. Pour $f \in C(K)$, on pose

(1) $$\pi(f) = \int f(k).\pi(k)\, dk \quad , \qquad \xi(f) = \mathrm{tr}\, \pi(f) = \int f.\xi\, dk \ .$$

On a alors

$$(f * e_\lambda)(e) = d(\lambda)\, \bar{\xi}_\lambda(f) = d(\lambda)\xi_{\check{\lambda}}(f)$$

et 2.3 donne, si K est de Lie, la formule de Plancherel

(2) $$f(e) = \Sigma_\lambda\, d(\lambda)\, \xi_\lambda(f) \qquad\qquad (f \in D(K)) \ .$$

Remarquons encore que l'on a

(3) $$\xi_\mu(f) = 0, \ f(e) = d(\lambda).\xi_\lambda(f) \qquad (\lambda, \mu \in R_K;\ \lambda \neq \mu : f \in M_{\check{\lambda}}) \ .$$

On étend la définition de $\pi(f)$ et $\xi(f)$ à $C'(K)$ (resp. $D'(K)$ si K est de Lie) en posant

(4) $$\pi(S) = \int \pi(k)\, dS_k \qquad \xi(S) = \mathrm{tr}\, \pi(S) \ .$$

On a en particulier

(5) $$(S * \xi)(k) = \mathrm{tr}(\pi(\check{S})\, \pi(k)) = (\xi * S)(k) \ .$$

2.5. Réciprocité de Frobenius. (Ceci est pour mémoire. Le rédacteur n'en n'aura besoin que dans un cas très particulier, en 2.7, où tout est de dimension finie.)

Soit H un sous-groupe fermé de K. Étant donné une représentation π de K, on note $i^*\pi$ sa restriction à H. Soit (σ, V) une représentation unitaire de dimension finie de H. Soit W l'espace des applications de carré intégrable de G dans V vérifiant $f(x.h) = \pi(h)^{-1}.f(x)$. Muni du produit scalaire, $(f, g) = \int_K (f(k), g(k))\, dk$, c' est un espace de Hilbert, sur lequel K opère par translations à gauche. On obtient ainsi une représentation unitaire de K, la représentation de K induite par σ, qui sera notée $i_*\sigma$. La réciprocité de Frobenius affirme que si π et σ sont des représentations irréductibles de K et H respectivement, alors la multiplicité de π dans $i_*\sigma$ est égale à la multiplicité de σ dans $i^*\pi$. En utilisant les espaces d'opérateurs d'entrelacement de deux représentations (cf. §5) on peut exprimer cela par l'isomorphisme

$$\mathrm{Hom}_K(\pi, i_*\sigma) = R(\pi, i_*\sigma) \cong R(\sigma, i^*\pi) = \mathrm{Hom}_H(\sigma, i^*\pi) \quad ,$$

qui vaut en fait pour des représentations quelconques de dimension finie.

2.6. Supposons K de Lie et soit K^o la composante neutre de K. On fixe un tore maximal T de K et un ordre sur les caractères de T. Les éléments de R_{K^o} correspondent biunivoquement aux poids dominants dans $\underline{t}^*$, qui sont des caractères de T; on désignera aussi par λ le poids dominant d'une représentation irréductible de classe $\lambda \in R_{K^o}$. Soit r la demi-somme des racines positives et soit ω un élément de Casimir de $U(\underline{k})$, disons $\omega = \Sigma X_i^2$, où X_i est une base orthonormale de $\underline{k}$ par rapport à un produit scalaire non-dégénéré, positif, invariant par Ad K. Il existe une forme quadratique positive non-dégénérée q sur $\underline{t}^*$ telle que

$$(1) \qquad \pi_\lambda(\omega) = (q(r) - q(\lambda + r)).\mathrm{Id} \qquad (\lambda \in R_{K^o};\ \pi_\lambda \text{ élément de } \lambda)$$

et l'on a $q(r) - q(\lambda+r) \leq 0$ puisque les opérateurs $\pi_\lambda(X_i)$ sont anti-hermitiens.

Soit $\Omega = 1 - \omega$. Les opérateurs Ω et ω commutent à K, donc si $\lambda \in R_K$, l'opérateur $\pi_\lambda(\Omega)$ est un multiple $c(\lambda).\mathrm{Id}$ de l'identité, et l'on a, vu (1)

$$(2) \qquad c(\lambda) = 1 + q(\lambda_o + r) - q(r_o) \geq 1$$

où λ_o est n'importe quel élément de R_{K^o} intervenant dans la restriction de λ à K^o. On a $\Omega = \check{\Omega}$, donc 2.4(5) entraine

(3) $$\Omega * \xi_\lambda = c(\lambda).\xi_\lambda \ .$$

On dira qu'une fonction f sur R_K est <u>à croissance polynomiale</u> s'il existe $a \geq 0$ et un entier $s \geq 0$ tels que

$$|f(\lambda)| \leq a.\,c(\lambda)^s \qquad (\lambda \in R_K) \ .$$

2.7. LEMME. <u>On conserve les notations de 2.6. La fonction $\lambda \longmapsto d(\lambda)$ est à croissance polynomiale. Soit f une fonction sur R_K à croissance polynomiale. Il existe un entier $m \geq 1$ tel que la série $\Sigma_\lambda |f(\lambda)|.c(\lambda)^{-m}$ converge.</u>

Pour la deuxième assertion, on peut se borner au cas où $f = c(\lambda)^s$ $(s \in \mathbb{N})$. Supposons tout d'abord K connexe. La formule de H. Weyl donnant $d(\lambda)$ montre qu'il existe un polynome p sur $\underline{t}^*$ tel que $d(\lambda) = p(\lambda)$ pour tout $\lambda \in R_K$. D'autre part, pour λ en dehors d'un compact convenable C de $\underline{t}^*$

(1) $$q(\lambda+r) - q(r) \geq q(\lambda)/2 \ ,$$

ce qui entraine

(2) $$c(\lambda)^{-m} \leq 2^m.q(\lambda)^{-m} \qquad (\lambda \in \underline{t}^* - C)$$

(3) $$d(\lambda).c(\lambda)^{-m} \leq 2^m.q(\lambda)^{-m}.p(\lambda) \qquad (\lambda \in R_K - (R_K \cap C)) \ ,$$

d'où, si $2m > \text{degré } p$, l'existence de $a > 0$ tel que $d(\lambda) \leq a.c(\lambda)^m$. Si $s \in \mathbb{N}$, (2) implique

$$c(\lambda)^s.c(\lambda)^{-m} \leq 2^m.q(\lambda)^{-m}.(1+q(\lambda+r)-q(r))^s \ ,$$

d'où la deuxième assertion pour K connexe. Le cas général va se ramener à celui-là en utilisant la réciprocité de Frobenius. Soit N l'indice de K^o dans K. Pour $\lambda \in R_K$, $\mu \in R_{K^o}$ désignons par $[\lambda : \mu]$ la multiplicité de μ dans la restriction de λ à K^o. On a évidemment

(4) $$c(\lambda) = c(\mu) \quad \text{si} \quad [\lambda : \mu] \geq 1 \ .$$

La réciprocité de Frobenius implique

(5) $$\Sigma_\lambda [\lambda : \mu]\, d(\lambda) = N.\,d(\mu) \ , \qquad (\mu \in R_{K^o}) \ .$$

Vu (4) et ce qui a déjà été démontré, cela montre que $\lambda \longmapsto d(\lambda)$ est à croissance polynomiale. Comme K^o est distingué dans K, étant donné $\lambda \in R_K$ il existe un seul $\mu \in R_{K^o}$ tel que $[\lambda : \mu] \geq 1$; vu (5), étant donné $\mu \in R_{K^o}$ il existe au plus N éléments $\lambda \in R_K$ tels que $[\lambda : \mu] \geq 1$. On a donc, compte tenu de (4)

$$\Sigma_{\lambda \in R_K} c(\lambda)^{s-m} < N. \Sigma_{\mu \in R_{K^o}} c(\mu)^{s-m} ,$$

ce qui nous ramène au cas où K est connexe.

Remarque. Pour $s = 2$, seul cas important dans les applications, cf. [15, lemma 7].

2.8. Il existe un élément $z_o \in Z(\underline{k})$ tel que

$$\pi_\lambda(z_o) = d(\lambda)^2 . \mathrm{Id}$$

quels que soient $\lambda \in R_{K^o}$ et $\pi_\lambda \in \lambda$ [11, lemma 4, p. 40].

§3. Représentations dans un EVT localement convexe

Dans ce paragraphe, V est un EVT sur $\mathbb{C}$, localement convexe, séparé, et quasi-complet à partir de 3.3; S ou S_V est l'ensemble des semi-normes continues sur V.

G est un groupe localement compact, unimodulaire à partir de 3.3.

3.1. Une représentation π de G dans V est un homomorphisme de G dans le groupe Aut V des automorphismes de V. Elle est dite continue si l'application $G \times V \longrightarrow V$ définie par $(g, v) \longmapsto \pi(g).v$ est continue.

On dira que π est topologiquement irréductible si $\{0\}$ est le seul sous-espace fermé propre de V stable par G (ce qui entraine en particulier que $V \neq \{0\}$). Si c'est le cas, alors le sous-espace de V engendré par $\pi(H)v$ $(v \in V - \{0\})$ est dense dans V si H est dense dans G, donc V est séparable si G l'est. L'espace d'une représentation π sera quelquefois noté V_π. Une représentation π de G dans W sera aussi désignée par (π, W). Deux représentations (π, V), (π', W) sont équivalentes s'il existe un isomorphisme A de V sur W vérifiant

$$(1) \qquad A.\pi(g) = \pi'(g).A \qquad (g \in G) .$$

La restriction de (π, W) à un sous-espace fermé de W stable par G sera appelée une sous-représentation de π. On se permettra de dire que π contient π' si π' est équivalente à une sous-représentation de π. Si (π, W) est continue et si P est un sous-espace fermé stable par G, alors les représentations définies par π dans P, et dans V/P, muni de la topologie quotient, sont continues.

3.2. LEMME. Une représentation π de G dans V est continue si et seulement si elle vérifie les deux conditions

(i) pour tout $v \in V$, l'application $x \longmapsto \pi(x).v$ de G dans V est continue,

(ii) pour tout compact C de G, l'ensemble des opérateurs $\pi(x)$ $(x \in C)$ est équicontinu (i.e. étant donné $\nu \in S$, il existe $\nu_o \in S$ tel que

$$\nu(\pi(c).v) \leqq \nu_o(v) \qquad (c \in C,\ v \in V)) .$$

Dans (ii), on peut évidemment se borner à exiger l'existence d'un voisinage compact U de e tel que l'ensemble des $\pi(x)$ $(x \in U)$ soit équicontinu. Que la continuité implique (i), (ii) est immédiat. La réciproque se voit en contemplant l'égalité

$$\pi(a.x).v - \pi(a).v_o = \pi(a).\pi(x)(v-v_o) + \pi(a)(\pi(x).v_o-v_o), \quad (v, v_o \in V, \ a, x \in G) ,$$

ou [1, VIII, §2].

<u>Remarques</u>. (1) Si V est tonnelé, en particulier si V est un espace de Fréchet, alors (i) $\Longrightarrow$ (ii) (loc. cit. Prop. 1).

(2) Soient G_1, G_2 deux groupes localement compacts, π_1 et π_2 des représentations continues de G_1 et G_2 dans V qui commutent. Alors $(x, y) \longmapsto \pi_1(x).\pi_2(y)$ est une représentation de $G_1 \times G_2$ dans V, qui est aussi continue, car l'application $G \times G \times V \longrightarrow V$ qui la définit est le produit de deux applications continues

$$(g_1, g_2, v) \longmapsto (g_1, \pi_2(g_2).v) \longmapsto \pi_1(g_1).\pi_2(g_2).v, \qquad (g_i \in G_i, \ v \in V) .$$

(3) Les translations à gauche (resp. droite) $\varepsilon_x *$ (resp. $* \varepsilon_x$) laissent stables divers espaces fonctionnels attachés à G, par exemple $C(G)$, $C'(G)$, $K(G)$, ou $D(G)$, $E(G)$, ... si G est de Lie. Elles définissent des représentations continues de G que l'on appellera représentations régulières gauche (resp. droite) de G dans $C(G)$, $C'(G)$, ... et notera ℓ (resp. r).

(4) Soient G' un groupe localement compact, $\sigma : G \longrightarrow G'$ un homomorphisme continu et (π, V) une représentation continue de G'. Alors $(\pi \circ \sigma, V)$ est une représentation continue de G.

En effet $G \times V \longrightarrow V$ se factorise en

$$G \times V \xrightarrow{\sigma \times Id} G' \times V \longrightarrow V .$$

<u>3.3.</u> (a) Rappelons que, dorénavant, G est unimodulaire et V est quasi-complet. Fixons une mesure de Haar dx sur G. Alors, vu l'équicontinuité locale de $\pi(x)$, il est clair que pour $f \in K(G)$,

$$(1) \qquad \pi(f) : v \longmapsto \int f(x).\pi(x).v \, dx ,$$

est un endomorphisme continu de V. Plus généralement ([1], VIII, §2, n° 6) si m est une mesure à support compact

$$\pi(m) : v \longmapsto \int \pi(x).v \, dm_x ,$$

est un endomorphisme continu de V. On a

(2) $$\pi(m * m') = \pi(m).\pi(m') \qquad (m, m' \in C'(G))$$

et l'on obtient ainsi un homomorphisme de l'algèbre de convolution $C'(G)$ dans $L(V)$, qui est continu pour la topologie de la convergence compacte dans ce dernier, $C'(G)$ étant muni de la topologie de la convergence compacte dans $C(G)$ (loc. cit.). On a en particulier

$$\pi(\varepsilon_x) = \pi(x) \qquad (x \in G) .$$

Si V est un espace de Banach, alors $f \longmapsto \pi(f)$ est une application continue de $K(G)$ dans $L(V)$, pour la topologie uniforme de $L(V)$. En effet, soit C un compact de G. Si $f \in K(G)$, $\mathrm{Supp}(f) \subset C$, alors

$$\|\pi(f).v\| \leqq \max |f| \int_C \|\pi(x).v\| \, dx$$

d'où

$$\|\pi(f).v\| \leqq D.\max |f|.\|v\| \qquad (D = \max_{x \in C} \|\pi(x)\|) ,$$

et

$$\|\pi(f)\| \leqq D.\max |f|$$

où D est une constante ne dépendant que de C et de π.

Si π est "équicontinue" (i.e. si 3.2(ii) est vérifiée pour $C = G$) alors 3.3(1) définit $\pi(f)$ pour $m \in L^1(G)$ ou même pour m dans l'espace $M^1(G)$ des mesures bornées sur G, et (2) vaut pour $m, m' \in M^1(G)$, V étant supposé complet. L'hypothèse d'équicontinuité est satisfaite d'elle même si π est unitaire.

(b) Soient b une forme linéaire continue sur V, $v \in V$ et $a_{b,v}$ la fonction $x \longmapsto b(\pi(x).v)$, sur G. Elle est continue. Un calcul immédiat montre que l'on a

(3) $$\mu * a_{b,v}(x) = b(\pi(\check{\mu}).\pi(x).v)$$

où $\mu \in C'(G)$ et $\check{\mu}$ est le transformé de μ par l'application $x \longmapsto x^{-1}$, formule qui peut aussi s'écrire

(4) $$\mu * a_{b,v}(x) = (\check{\pi}(\mu).b)(\pi(x).v) = a_{\check{\pi}(\mu)b,v}(x) ,$$

si $\check{\pi}$ désigne la représentation contragrédiente de π (cf. 3.26). On voit de même que si $\check{a}_{b,v}$ désigne la fonction $x \longmapsto b(\pi(x^{-1}).v)$, on a

(5) $$\mu * \check{a}_{b,v}(x) = b(\pi(x^{-1}).\pi(\mu).v) = \check{a}_{b,\pi(\mu).v}(x) \ .$$

(c) Soient N un sous-groupe invariant fermé de G et $\sigma : G \longrightarrow G' = G/N$ la projection canonique. Fixons des mesures de Haar dx, dx' et dn de G, G' et N, telles que $\int f(x)dx = \int dx' \int f(xn)dn$ $(f \in K(G))$. Soient π' une représentation continue de G' dans V et $\pi = \pi' \circ \sigma$. Alors

(6) $$\pi(f) = \pi'(f^b) \qquad (f \in K(G))$$

où $$f^b(x') = \int f(x.n)dn \qquad (x' \in G',\ x \in \sigma^{-1}(x')) \ .$$

En effet puisque π est constante sur les classes xN, on a

$$\pi(f).v = \int_G f(x)\pi(x)dx = \int_{G'} \pi'(\sigma(x))dx' \int_N f(xn)dn \ .$$

Plus généralement, on a, en notant aussi σ l'application de $C'(G)$ dans $C'(G')$ définie par σ:

(7) $$\pi'(\sigma(m)) = \pi(m) \qquad (m \in C'(G)) \ ,$$

formule qui vaut du reste pour tout morphisme de groupes localement compacts.

3.4. Une suite (f_j) $(j = 1, 2, \dots)$ de fonctions continues sur G est une <u>suite de Dirac</u> si $f_j(x) \geq 0$ $(x \in G,\ j \geq 1)$, $\operatorname{supp} f_j \longrightarrow \{e\}$ et $\int f_j\, dx = 1$ $(j \geq 1)$. Si π est une représentation continue de G dans V, alors

(1) $$\lim_{j\to\infty} \pi(f_j).v = v \qquad (v \in V) \ .$$

En effet par continuité, étant donnés $\nu \in \underline{S}_V$ et $\varepsilon > 0$, il existe un voisinage U de e dans G tel que $\nu(\pi(x).v - v) \leq \varepsilon (x \in U,\ v \in V)$. Si $\operatorname{Supp} f_j \subset U$ on a alors

$$\nu(\pi(f_j).v - v) \leq \int f_j(x).\nu(\pi(x).v - v)\, dx \leq \varepsilon \ .$$

Si G est de Lie, on supposera toujours que les f_j sont C^∞. L'existence de suites de Dirac dans G est immédiate. Si K est un sous-groupe compact de G, on peut toujours trouver une suite de Dirac formée d'éléments invariants par $\operatorname{Int}_G K$ (cette notion est introduite dans [15, p. 7]).

3.5. Soient K un sous-groupe compact de G et dk la mesure de Haar de volume un sur K. Toute fonction sommable f sur K définit une mesure sur K, que l'on considérera aussi comme une mesure sur G, de support contenu dans K, et notera quelquefois f, cela en particulier si $f = e_\lambda, \xi_\lambda$ $(\lambda \in R_K)$, dans les notations du §2. On a ainsi

$$(1) \qquad \begin{aligned} (e_\lambda * g)(x) &= \int_K e_\lambda(k).\, g(k^{-1}.x)\, dx \\ (g * e_\lambda)(x) &= \int_K g(x.k^{-1})\, e_\lambda(k).\, dk \end{aligned} \qquad (f \in C(G)) .$$

Si W est un espace fonctionnel sur G (par exemple $C(G)$, $C'(G)$, $L^p(G)$, ...) stable par convolutions à gauche et à droite par $C'(G)$, on posera

$$W_{\lambda\mu} = e_\lambda * W * e_\mu \qquad (\lambda, \mu \in R_K)$$

et, si F est une partie de R_K

$$W_{F,F} = \Sigma_{\lambda,\mu \in F} W_{\lambda,\mu} .$$

Si W est un algèbre de convolution, alors $W_{F,F}$ en est aussi une.

Soit π une représentation continue de G dans V. Notons π_K sa restriction à K. Pour f sommable sur K, l'image par π de $f.dk$ n'est autre que $\pi_K(f)$. L'identification sus-mentionnée conduira donc à écrire $\pi(e_\lambda)$ pour $\pi_K(e_\lambda)$. 3.3 et 3.3(2) entrainent que les opérateurs $\pi(e_\lambda)$ sont des projecteurs mutuellement orthogonaux, commutant à $\pi(K)$, que l'on notera aussi E_λ. Leurs images $V_\lambda = E_\lambda V$ sont donc des sous-espaces fermés, stables par $\pi(K)$, linéairement indépendants. Étant donné $v \in V$, on appellera <u>K-composantes</u> ou <u>composantes de</u> Fourier de v, les vecteurs $\pi(e_\lambda).v = E_\lambda.v$. On a évidemment

$$\pi(e_\lambda * C'(G))V \subset V_\lambda$$

donc, pour toute partie F de R_K

$$\pi(C'(G)_{FF}).V_F \subset V_F \quad \text{avec} \quad V_F = \Sigma_{\lambda \in F} V_\lambda .$$

Soit f une fonction continue à support compact sur G, <u>invariante par</u> $\mathrm{Int}_G K$. Alors

(2) $(f*e_\lambda)(x) = \int f(xk^{-1})e_\lambda(k)dk = \int f(k^{-1}x)e_\lambda(k)\,dk = (e_\lambda * f)(x)$:

donc $$\pi(e_\lambda).\pi(f) = \pi(f).\pi(e_\lambda)$$

(3) $$\pi(f).V_\lambda \subset V_\lambda \qquad (\lambda \in R_K) .$$

On voit de manière similaire que cela reste vrai si $f \in C'(G)$, f invariante par $Int_G K$. Plus généralement, on montre de même que si la mesure μ sur G est invariante par $Int_G K$, alors μ commute pour la convolution avec toute mesure ν de support contenu dans K.

Un élément $v \in V$ est K-fini s'il est contenu dans un espace de dimension finie stable par K.

3.6. PROPOSITION. On conserve les notations de 3.5. La somme directe (algébrique) V_K des V_λ est l'ensemble des vecteurs K-finis, et est dense dans V. L'espace V_λ est isotypique de type λ. Un élément $v \in V$ dont toutes les composantes de Fourier sont nulles est nul.

Un sous-espace stable de dimension finie est somme directe de ses intersections avec les V_λ, donc contenu dans V_K. Pour montrer que $v \in V_K$ est K-fini, on peut se borner au cas où $v \in V_\lambda$. Soit W le plus petit sous-espace fermé de V_λ contenant les éléments $\pi(k).v$ $(k \in K)$. Pour $b \in W'$, notons $\tilde{b}$ la fonction $k \longmapsto b(\pi(k^{-1}).v)$ sur K. Comme $\pi(e_\lambda)$ commute à $\pi(K)$, l'égalité 3.3(5) montre que $e_\lambda * \tilde{b} = \tilde{b}$. La fonction $\tilde{b}$ fait donc partie de l'espace M_λ introduit en 2.3, qui est de dimension finie. Comme l'application $b \longmapsto \tilde{b}$ est injective, cela prouve que W' est de dimension finie donc (Hahn-Banach), W est de dimension finie. Cela montre aussi que W est isotypique de type λ. Soient $v \in V$ et $b \in V'$. Pour prouver que V_K est dense (resp. la dernière assertion), il suffit, vu Hahn-Banach, de faire voir que si b annule V_K (resp. les composantes de Fourier de v), alors $b(v) = 0$. Soit $\tilde{b}$ comme plus haut. On a

$$(e * \tilde{b})(k^{-1}) = b(\pi(k).\pi(e_\lambda).v) = b(\pi(e_\lambda).\pi(k).v) = 0 , \qquad (\lambda \in R_K) ,$$

vu 3.3(5) donc, (Peter-Weyl) $\tilde{b}$ est presque partout nulle. Comme $\tilde{b}$ est continue, on a $\tilde{b} = 0$ et en particulier $b(v) = \tilde{b}(e) = 0$.

COROLLAIRE. Toute représentation continue topologiquement irréductible d'un groupe compact dans un EVT localement convexe, séparé et quasi-complet W est de dimension finie.

Cela résulte de 3.6 et du fait que dans W tout sous-espace de dimension finie est fermé.

3.7. PROPOSITION. Soit (π, V) une représentation irréductible de G et soit K un sous-groupe compact de G. On suppose que les espaces $V_\lambda = \pi(e_\lambda).V$ $(\lambda \in R_K)$ sont de dimension finie.

(i) Pour tout $v \in V - \{0\}$, et $\lambda \in R_K$, on a $V_\lambda = \pi(e_\lambda * K(G)).v$.

(ii) Pour tout $v \in V_\lambda - \{0\}$, on a $V_\mu = \pi(K(G)_{\mu\lambda}).v$.

(iii) Soit F une partie finie de R_K. Alors la restriction de $\pi(K(G)_{FF})$ à V_F est $L(V_F, V_F)$.

(i) Par irréductibilité, V est l'adhérence du sous-espace engendré par $\pi(G).v$, donc (3.4) est l'adhérence de $\pi(K(G))v$. Par suite

$$V_\lambda = E_\lambda V = (E_\lambda \pi(K(G).v)^- = E_\lambda.\pi(K(G)).v = \pi(e_\lambda * K(G)).v$$

puisque $\dim V_\lambda < \infty$.

(ii) Vu (i), $V_\mu = \pi(e_\mu * K(G))v = \pi(e_\mu * K(G).E_\lambda).v \subset \pi(K(G)_{\lambda\mu}).v$.

(iii) Si $V_F \neq \{0\}$, soit $\lambda \in F$ tel que $V_\lambda \neq \{0\}$ et soit $v \in V_\lambda - \{0\}$. (ii) entraine que $V_F = \pi(K(G)_{FF}).v$, en particulier la représentation de $K(G)_{FF}$ dans V_F est irréductible, et (iii) résulte du théorème de Burnside.

Remarque. (i), (ii) et (iii) restent valables si l'on remplace $K(G)$ par un idéal bilatère contenant une suite de Dirac (par exemple $D(G)$ si G est de Lie).

3.8. Soit G de Lie, et soit π une représentation continue de G dans V. Un vecteur $v \in V$ est dit différentiable si la fonction $\tilde{v} : x \longmapsto \pi(x).v$ est C^∞. Les vecteurs différentiables forment un sous-espace vectoriel stable par G, qui sera noté V^∞. Cet espace contient $\pi(f).V$ pour tout $f \in D(G)$: en effet, étant donné $f \in D(G)$, l'application $x \longmapsto \varepsilon_x * f$ de G dans $D(G)$ est C^∞; d'autre part, l'application $h \longmapsto \pi(h).v$ de $D(G)$ dans V est continue, et l'on a

$$\pi(x).\pi(f).v = \pi(\varepsilon_x * f).v \ .$$

Par suite, vu 3.4, V^∞, ou même en fait la réunion des $\pi(f).V$ $(f \in D(G))$, est dense dans V. Il s'ensuit aussi que, étant donné $v \in V$, les éléments $\pi(f).v$ $(f \in D(G))$ sont denses dans le plus petit sous-espace fermé de V stable par G et contenant v.

Pour $X \in \underline{g}$ et $v \in V^\infty$, on pose

$$\pi(X).v = \lim_{t \to 0} t^{-1}(\pi(e^{tX}).v - v) \ .$$

On vérifie facilement que $\pi(X).V^\infty \subset V^\infty$ et que $X \mapsto \pi(X)$ s'étend en une représentation de $U(\underline{g})$ dans V^∞.

Plus généralement, soit $S \in E'(G)$ une distribution à support compact sur G. Elle définit une application de $E(G) \otimes V$ dans V qui se prolonge par continuité en une application linéaire continue de $E(G) \hat{\otimes} V$ dans V. Mais il est classique que $E(G) \hat{\otimes} V \cong E(G, V)$. L'élément S définit par suite une V-distribution sur G, à valeurs dans V, ce qui permet d'associer à $v \in V^\infty$ un élément

$$\pi(S).v = \int \pi(x).v\, dS_x$$

<u>a priori</u> dans V, mais <u>a posteriori</u> dans V^∞; en effet, on a

$$\pi(y)(\pi(S).v) = \pi(y).\int \pi(x).v\, dS_x = \int \pi(y.x).v\, dS_x$$

(vu la continuité de $\pi(y)$), ce qui fait apparaître le membre de gauche comme la convolution d'une fonction $\pi(x).v \in E(G, V)$ avec la distribution à support compact $\check{S}$ définie par $\check{S}(f) = \int f(x^{-1})\, dS_x$. L'espace V^∞ est donc stable par les opérateurs $\pi(S)$, $(S \in E'(G))$. Il s'ensuit immédiatement que $S \mapsto \pi(S)$ est une représentation de l'algèbre de convolution $E'(G)$ dans V^∞. Notons les formules

$$(1) \qquad \begin{aligned} \tilde{v} * \check{D} &= (\pi(D).v)^{\sim} \\ \check{D} * \tilde{v} &= \pi(D).\tilde{v} \end{aligned} \qquad (v \in V;\ \tilde{v}(x) = \pi(x).v;\ D \in E'(G)) .$$

Pour les établir, il suffit de considérer le cas où $D \in \underline{g}$, où elles résultent d'un calcul immédiat.

[Dans ce qui précède on a utilisé des distributions à valeurs dans un EVT. En fait, on a besoin effectivement seulement d'intégrer une fonction C^∞ à valeurs dans un EVT par rapport à une distribution à support compact. Du reste, dans le cas des groupes de Lie, nous n'aurons guère besoin que de $\pi(f)$ et de la relation $\pi(f * g) = \pi(f).\pi(g)$ lorsque $f, g \in D(G) \cup U(\underline{g})$, ce qui peut naturellement s'établir directement (cf. [15, §2]).]

<u>Remarque</u>. L'application $v \mapsto \tilde{v}$ de V^∞ dans $E(G, V)$ est injective, son image est un sous-espace <u>fermé</u>, car elle se compose des $f \in E(G, V)$ telles que $f(x.y) = \pi(x).f(y)$ quels que soient $x, y \in G$. L'espace V^∞, muni de la topologie induite, est donc localement convexe, séparé, complet. On montre que $\pi(f)$ $(f \in D(K))$ est une application continue de V dans V^∞, que les

restrictions des $\pi(x)$ $(x \in G)$ à V^{∞} définissent une représentation continue de G, dans laquelle tout élément est différentiable. Pour plus de détails, voir [2].

3.9. Exemple: Représentations régulières. Soit $V = E(G)$ ou $D(G)$. Alors les translations à gauche $\ell(x) : f \longmapsto \varepsilon_x * f$ (resp. droite: $r(x) : f \longmapsto f * \varepsilon_{x^{-1}}$ définissent une représentation ℓ (resp. r) de G dans laquelle tout élément est différentiable. On a

$$\ell(D).f = D * f \qquad r(D).f = f * \check{D}$$

pour $D \in U(\underline{g})$ ou en fait, pour $D \in E'(G)$.

Considérons par exemple les translations à gauche dans E(G). La topologie de E(G) peut être définie par les semi-normes

$$\nu_{C,D}(f) = \sup_C |f * D| \qquad (C \text{ compact dans } G;\ D \in U(\underline{g}))\ .$$

Comme $\ell(x)$ commute à $* D$, ces semi-normes sont permutées par $\ell(x)$, donc $\ell(x)$ est continu; de plus, si $x \longrightarrow a$, alors $\ell(x).f * D$ tend vers $\ell(a).f * D$ uniformént sur tout compact, d'où la continuité de ℓ. Enfin la différentiabilité résulte d'un petit calcul laissé au lecteur [15, lemma 8].

Il s'ensuit que la représentation (ℓ, r) de $G \times G$ dans V est continue, et que tout élément de V est différentiable.

3.10. PROPOSITION. Soit K un groupe de Lie compact. Soient π une représentation continue de K dans V et $v \in V^{\infty}$. Alors la série de Fourier $\Sigma_{\lambda} E_{\lambda} v$ $(\lambda \in R_K)$ converge absolument vers v.

(Convergence absolue signifie que pour tout $\nu \in \underline{S}_V$, la série $\Sigma \nu(E_{\lambda} v)$ converge. Cela entraine la convergence commutative.)

Reprenons les notations de 2.6, 2.7. On a vu que pour m assez grand, la série $\Sigma_{\lambda} d(\lambda)^2 . c(\lambda)^{-m}$ converge. Pour établir la convergence absolue de la série donnée, il suffit donc, étant donné $\nu \in \underline{S}$, de faire voir qu'il existe $\nu_o \in \underline{S}$ tel que l'on ait

$$(1) \qquad \nu(E_{\lambda} v) \leq c(\lambda)^{-m} . d(\lambda)^2 . \nu_o(\pi(\Omega^m).v)$$

quels que soient $m \geq 0$, $\lambda \in R_K$ et $v \in V^{\infty}$.

Par équicontinuité, il existe $\nu_o \in \underline{S}$ tel que

$$\nu(\pi(k).u) \leq \nu_o(u) \qquad (k \in K,\ u \in V)$$

donc, si $v \in V^{\infty}$,

(2) $\nu(E_\lambda v) = \nu(\int e_\lambda(k).\pi(k).\, v dk) \leqq (\max |e_\lambda|)\nu_o(v) \leqq d(\lambda)^2.\nu_o(v)$.

Comme

(3) $$E_\lambda v = c(\lambda)^{-m}.\pi(\Omega^m).E_\lambda v = c(\lambda)^{-m}.E_\lambda(\pi(\Omega^m).v) ,$$

cela entraine (1).

Il reste à voir que la somme v_o de la série $\Sigma E_\lambda v$ est égale à v. La convergence absolue de cette série entraine:

$$E_\mu v_o = \Sigma_\lambda E_\mu E_\lambda v = E_\mu v$$

et montre que les composantes de Fourier de $v_o - v$ sont nulles, donc $v = v_o$ (3.6).

Remarques. (1) La démonstration précédente montre en fait: il existe un élément $t \in Z(\underline{k})$ (à savoir un multiple de Ω^m) ayant la propriété suivante: étant donné $\nu \in \underline{S}$ il existe $\nu_o \in \underline{S}$ tel que l'on ait

$$\Sigma_\lambda \nu(E_\lambda v) \leqq \nu_o(\pi(t).v)$$

quel que soit $v \in V^\infty$.

(2) 3.10 et sa démonstration restent valables si l'on remplace l'hypothèse "K compact" par: "K groupe de Lie; il existe un groupe compact K^* une représentation continue π^* de K^* dans V telle que les espaces $E_\mu V$ $(\mu \in R_{K^*})$ soient stables et isotypiques, de types distincts, pour K" (cf. 3.16).

3.11. COROLLAIRE. [15, §5] Soit V = E(G) ou D(G). Alors les séries $\Sigma_\lambda e_\lambda * f$, $\Sigma f * e_\lambda$ et $\Sigma_{\lambda,\mu} e_\lambda * f * e_\mu$ $(\lambda, \mu \in R_K)$ convergent absolument vers f dans V.

On applique 3.10 aux représentations ℓ, r et $\ell \times r$ de G, G et $G \times G$ dans V en remarquant que, dans ces représentations, tout vecteur est différentiable.

3.12. PROPOSITION. On reprend les notations de 3.10. Alors $\Sigma_\lambda[V_\lambda \cap V^\infty]$ est dense dans V. En particulier $V^\infty \cap V_\lambda$ est dense dans V_λ $(\lambda \in R_K)$.

On sait (3.8) que la somme des $\pi(f).V$ $(f \in D(G))$ est dense dans V. Comme $\pi(e_\lambda * f).v \subset V^\infty \cap V_\lambda$, il suffit de montrer que la réunion des $\pi(e_\lambda * f).V$ $(\lambda \in R_K,\ f \in D(G))$ est dense dans V. Cela résulte du fait que la série $\Sigma e_\lambda * f$ $(f \in D(G))$ est formée de fonctions à support dans un compact fixe, converge uniformément vers f (3.11), et de l'existence de suites de Dirac dans $D(G)$ (3.4).

3.13. Supposons G de Lie et soit K un sous-groupe fermé de G. Une fonction ou distribution S sur G est Z-finie si l'ensemble des distributions $z * S$ ($z \in Z(\underline{g})$ = centre de $U(\underline{g})$) est un espace vectoriel de dimension finie, autrement si S est annulée par un idéal de codimension finie de $Z(\underline{g})$.

Une fonction ou distribution S sur G est K-finie à droite (resp. gauche) si les translatées à droite (resp. gauche) de S par K engendrent un espace vectoriel de dimension finie.

Soit π est une représentation continue de G dans V. Un élément $v \in V$ est K-fini si $\pi(K).v$ est contenu dans un sous-espace de dimension finie de V. Un élément $v \in V^\infty$ est Z-fini si $\pi(Z).v$ est un espace vectoriel de dimension finie.

3.14. PROPOSITION. Supposons G de Lie, connexe, réductif. Soient k une sous-algèbre compacte maximale de $D\underline{g}$ et K le sous-groupe analytique de G d'algèbre de Lie k. Une distribution S sur G qui est K-finie à droite (resp. gauche) et Z-finie est une fonction analytique.

Les translatées de S par K à droite (resp. gauche) sont contenues dans un espace vectoriel W de distributions de dimension finie, stable par K. La représentation de K ainsi obtenue définit une représentation de $U(\underline{k})$ dont le noyau est un idéal de codimension finie. Par suite, S est annulée par un idéal de codimension finie U de l'algèbre $Z.U(\underline{k})$, opérant par convolution à droite (resp. gauche).

Soit $D\underline{g} = \underline{k} + \underline{p}$ la décomposition de Cartan de $D\underline{g}$ associée à $\underline{k}$. Soient (X_i) et (Y_j) des bases de $\underline{k}$ et $\underline{p}$ telles que

$$B(X_i, X_j) = -\delta_{ij} \qquad B(Y_i, Y_j) = \delta_{ij} ,$$

où B est la forme de Killing de $D\underline{g}$. Alors $-\Sigma X_i^2$ et $\Sigma Y_j^2 - \Sigma X_i^2$ sont des éléments de Casimir de $\underline{k}$ et $D\underline{g}$ respectivement. Soit (Z_i) une base du centre $\underline{c}$ de $\underline{g}$ (rappelons que $\underline{g} = D\underline{g} \oplus \underline{c}$). Alors

$$\Omega = -\Sigma X_i^2 + \Sigma Y_j^2 + \Sigma Z_j^2 \in Z(\underline{g})$$

et $\omega = \Omega + 2\Sigma X_i^2$ est dans le centre de $U(\underline{k}).Z(\underline{g})$. Comme l'idéal U est de codimension finie, il existe un polynome unitaire $P \in \mathbb{C}[X]$ tel que $P(\omega) \in U$.

On a alors $S * P(\omega) = 0$ (resp. $P(\omega) * S = 0$). Mais comme

$$\omega = \Sigma X_i^2 + \Sigma Y_j^2 + \Sigma Z_j^2$$

est elliptique, il en est de même de $P(\omega)$, et la proposition résulte d'un théorème classique.

3.15. Supposons G de Lie. Soit π une représentation continue de G dans V. Un élément $v \in V$ est scalairement analytique si pour toute forme linéaire continue b sur V, la fonction $c_{b,v} : x \longmapsto b(\pi(x).v)$ est analytique. Les vecteurs scalairement analytiques forment un sous-espace vectoriel de V, qui sera noté V^ω.

Si G est réductif, connexe, et si $v \in V^\infty$ est Z-fini et K-fini, alors $c_{b,v}$ est Z-fini, et K-fini à gauche, donc est analytique, et $v \in V^\omega$.

[Remarque. On peut aussi introduire la notion de vecteur analytique: $v \in V^\infty$ est analytique si $x \longmapsto \pi(x).v$ est une fonction analytique de G, à valeurs dans V, notion abondamment considérée lorsque V est un espace de Banach, en particulier par Harish-Chandra, sous le nom de "well-behaved vectors". Godement [7] utilise les vecteurs scalairement analytiques. Le rédacteur n'a pas l'impression d'avoir besoin de vecteurs analytiques dans cette rédaction et ne sait pas si, pour une représentation irréductible, ces notions sont en fait distinctes.]

3.16. Représentations permises. [10, §9] Supposons G de Lie connexe, réductif. On a donc $\underline{g} = D\underline{g} \oplus \underline{c}$ où $D\underline{g}$ est semi-simple et $\underline{c}$ est le centre de $\underline{g}$. Soient $\underline{k}$ une sous-algèbre compacte maximale de $D\underline{g}$, et K le sous-groupe analytique d'algèbre de Lie $\underline{k}$. Soient D la composante neutre du centre de K et Z le centre de G. Le sous-groupe K est toujours fermé. On sait que $K/(D \cap Z)$ est compact, et est en fait le sous-groupe compact maximal de Ad $D\underline{g}$ d'algèbre de Lie $\underline{k}$.

Une représentation continue π de G dans V est dite permise s'il existe un sous-groupe fermé L de $D \cap Z$, uniforme dans K (i.e. K/L est compact), tel que $\pi(L)$ soit formé d'homothéties.

[On a pris G réductif, plutôt que semi-simple, à tout hasard. Si G est semi-simple, cette notion (avec $L = D \cap Z$) a été introduite par Harish-Chandra pour traiter les groupes de centre infini.]

Remarquons qu'une représentation π est toujours permise si K est compact, ce qui équivaut à dire que le centre de G est compact; ou bien si elle est unitaire et factorielle (5.25).

Il est clair que si $\widetilde{G}$ est un revêtement de G, $\sigma : \widetilde{G} \longrightarrow G$ l'homomorphisme canonique, et π une représentation permise de G, alors $\pi \circ \sigma$ est une représentation permise de G.

Soit π une représentation permise de G. On peut toujours trouver un caractère $m : D \longrightarrow \mathbb{C}^*$ de D tel que $\pi(x) = x^m . \mathrm{Id}$ $(x \in L)$. En effet, soit $\widetilde{K}$ le revêtement universel de K. C'est le produit direct du revêtement universel $\widetilde{D}$ de D, qui est le groupe additif d'un vectoriel, par le groupe simplement connexe $D\widetilde{K}$ d'algèbre de Lie $D\underline{k}$. Soient $\widetilde{L}$ l'image réciproque de L dans $\widetilde{D}$ et N le noyau de $\widetilde{L} \longrightarrow L$. Alors π définit un caractère de $\widetilde{L}$ qui se prolonge à $\widetilde{D}$, et est égal à un sur N, d'où le caractère cherché. Soit $\sigma : \widetilde{K} \longrightarrow K$ la projection canonique. Posons

$$\pi'(a.b) = a^{-m} . \pi(\sigma(b)) \qquad (a \in \widetilde{L},\ b \in D\widetilde{K})$$

π' est une représentation continue de $\widetilde{K}/\widetilde{L} = K^*$, qui est compact, et est un revêtement fini de K/L. Comme $\pi(x)$ et $\pi'(x)$, $(x \in \widetilde{K})$ ne diffèrent que par une homothétie, il est clair qu'il existe une injection canonique $i : R_{K^*} \longrightarrow R_K$ telle que les sous-$\pi'(K^*)$-modules fermés isotypiques (resp. irréductibles) de type $\lambda \in R_{K^*}$ soient les sous-$\pi(K)$-modules isotypiques (resp. irréductibles) de type $i(\lambda)$. En gros, on peut dire que pour ce qui touche aux V_λ, on peut faire comme si K était compact, et on ne s'en privera pas. En particulier, 3.10 et la remarque 1 à 3.10 sont valables pour K (cf. rem. 2 à 3.10).

3.17. THÉORÈME. [10, Thm. 5] Supposons G de Lie, réductif connexe: Soit K comme dans 3.16, et soit π une représentation continue permise de G dans V. Soient v un élément K-fini et Z-fini de V et W l'adhérence de $W_o = \pi(U(\underline{g})).v$. Alors W est le plus petit sous-espace fermé stable par G contenant v. Pour tout $\lambda \in R_K$ le sous-espace W_λ est de dimension finie, contenu dans V^ω, et W_o est la somme directe des W_λ. L'application $M \longmapsto \overline{M}$ est une bijection de l'ensemble des sous-$U(\underline{g})$-modules de W_o sur l'ensemble des sous-G-modules fermés de W. On a $\overline{M}_\lambda = \overline{M}_\lambda$ $(\lambda \in R_K)$, et M est la somme directe des M_λ. Si W est $\neq \{0\}$, il contient un sous-G-module fermé propre W' tel que la représentation de G dans W/W' soit topologiquement irréductible.

Soit Z le plus petit sous-G-module fermé de V et contenant v. Z^∞ contient v, donc W_o, et l'on a $W \subset Z$. Pour montrer que $W = Z$ il suffit (Hahn-Banach) de faire voir qu'une forme linéaire continue $b \in Z'$ nulle sur W est nulle. La fonction $c_{b,v} : x \longmapsto b(\pi(x).v)$ est analytique d'après 3.15. De 3.8(1) on déduit:

$$(c_{b,v} * \check{D})(x) = b(\pi(x).\pi(D).v) \ , \qquad (x \in G;\ D \in U(\underline{g})) \ ,$$

et en particulier

$$(c_{b,v} * \check{D})(e) = b(\pi(D).v) = 0 \ ,$$

ce qui montre que $c_{b,v}$ et ses dérivées sont nulles à l'origine, d'où $c_{b,v} \equiv 0$, et $b = 0$. Le même raisonnement montre que si H est un sous-groupe fermé connexe de G, alors l'adhérence de $\pi(U(\underline{h})).v$ est stable par H.

L'annulateur U de v dans $Z(\underline{g})$ annule aussi W_o, donc W_o est formé d'éléments Z-finis. Comme v est K-fini, il est aussi K^*-fini (notations de 3.16), et on a $\pi'(U(\underline{k}^*)).v = \pi(U(\underline{k})).v$ ce qui entraine que $\pi(U(\underline{k})).v$ est un $U(\underline{k})$-module <u>semi-simple</u> de dimension finie. 1.5 et les remarques faites sur K et K^* en 3.16 entrainent que W_o est somme directe de ses composantes isotypiques par rapport à $U(\underline{k})$, qui sont toutes semi-simples de dimension finie. L'espace W_o est dense dans W, et $W_{o\lambda}$ est dense dans W_λ, de dimension finie, donc égal à W_λ. Les éléments de W_o sont alors K-finis, Z-finis, donc scalairement analytiques (3.15).

Soit M un sous-$U(\underline{g})$-module de W_o. Il est formé d'éléments différentiables, K-finis et Z-finis. D'après ce qui a déjà été établi, $\overline{M} \supset \pi(G).M$, donc $\overline{M} = \overline{\pi(G).M}$ est stable par G. On a $M_\lambda \subset W_\lambda$, donc M_λ est de dimension finie, d'où $M_\lambda = \overline{M}_\lambda$.

Soit réciproquement N un sous-G-module fermé de W. On sait (3.6, 3.16) que la somme directe N_o des espaces $N_\lambda = N \cap W_\lambda$ est dense dans N. Les relations $W_{o\lambda} = W_\lambda \subset W^\infty$ montrent $N_o = W_o \cap N = W_o \cap N^\infty$, donc N_o est stable par $U(\underline{g})$.

Supposons enfin $W \neq \{0\}$, i.e. $v \neq 0$. Pour établir la dernière assertion il suffit, vu ce qui précède, de prouver l'existence d'un élément maximal parmi les sous-$U(\underline{g})$-modules propres de W_o. Soit $\underline{a}$ l'idéal de $U(\underline{g})$ annulant v. Il est propre puisque $v \neq 0$, donc contenu dans un idéal à gauche propre maximal, soit $\underline{b}$. Alors $M = \pi(\underline{b}).v$ a les propriétés requises.

<u>3.18</u>. THÉORÈME. <u>Supposons G de Lie, connexe, réductif. Soient $\underline{k}$ une sous-algèbre compacte maximale de $D\underline{g}$ et K le sous-groupe analytique correspondant. Soient π une représentation continue permise de G dans</u>

V, $(v_i)_{i\in I}$ <u>une famille finie d'éléments</u> K-<u>finis et</u> Z-<u>finis de</u> V^∞, <u>et</u> U <u>un voisinage de</u> e <u>dans</u> G. <u>Alors il existe un fonction</u> $f \in D(U)$, <u>invariante par</u> $Int_G K$ <u>telle que</u> $\pi(f).v_i = v_i$ $(i \in I)$.

Soient W la somme directe de $|I|$ = Card I copies de V et π' la somme directe de $|I|$ copies de π. Alors π' est permise, et $v = \Sigma v_i$ est différentiable, Z-fini et K-fini. On est donc ramené au cas où $\{v_i\}$ est formé d'un élément, soit v.

3.17 montre que l'adhérence W de $W_o = \pi(Ug)).v$ est stable par G, et que $W_\lambda = W_{o\lambda}$ est de dimension finie $(\lambda \in R_K)$. Vu l'hypothèse, il existe une partie finie F de R_K telle que

$$v \in W_F = \Sigma_{\lambda\in F} W_\lambda \ .$$

Soit J l'espace vectoriel des fonctions dans D(U) invariantes par $Int_G K$. Si $f \in J$, on a $\pi(f).V_\lambda \subset V_\lambda$ $(\lambda \in R_K)$ vu 3.5, donc aussi $\pi(f).W_\lambda \subset W_\lambda$ et $\pi(f).W_F \subset W_F$. Soit P l'ensemble des éléments $\pi(f).v$ $(f \in J)$. C'est un sous-espace vectoriel de W_F. Comme J contient des suites de Dirac (3.4), v est dans l'adhérence de P; mais ce dernier est le dimension finie, donc $v \in P$.

<u>3.19</u>. COROLLAIRE. [15, Thm. 1] <u>Supposons</u> K <u>compact</u>. <u>Soient</u> L <u>un espace vectoriel sur</u> $\mathbb{C}$ <u>de dimension finie</u>, f_i $(i \in I)$ <u>une famille finie d'éléments</u> Z-<u>finis et</u> K-<u>finis à gauche (resp. droite) de</u> E(G, L). <u>Soit</u> U <u>un voisinage de</u> e <u>dans</u> G. <u>Alors il existe</u> $f \in D(U)$, <u>invariante par</u> $Int_G K$, <u>telle que</u> $f_i = f * f_i$ (<u>resp</u>. $f_i = f_i * f$) $(i \in I)$.

On applique le théorème à la représentation régulière gauche (resp. droite) de G dans E(G, L), en notant que tout élément de E(G, L) est différentiable, et que cette représentation est permise puisque K est supposé compact.

<u>3.20</u>. COROLLAIRE. <u>Soient</u> (π', V') <u>une représentation continue de</u> G, P <u>un sous-espace de</u> V <u>stable par</u> $\pi(G)$ <u>et</u> $\pi(D(G))$, <u>et</u> $A : P \longrightarrow V'$ <u>une application linéaire équivariante, pour</u> G <u>et</u> D(G). <u>Soit</u> $v \in P \cap V^\infty$ <u>un élément</u> K-<u>fini et</u> Z-<u>fini</u>. <u>Alors</u> $Av \in V'^\infty$.

D'après le théorème, il existe $f \in D(G)$ tel que $v = \pi(f).v$. On a alors

$$A.v = A\pi(f).v = \pi'(f).A.v$$

et la conclusion résulte de 3.8.

Notons que dans 3.20, P n'est pas supposé fermé et A n'est pas supposée continue.

3.21. COROLLAIRE. Supposons K compact. Soient L un espace vectoriel de dimension finie sur $\mathbb{C}$, et $p \in [1, \infty]$. Soit $u \in L^p(G, L)$ un élément que est Z-fini (en tant que distribution) et K-fini à gauche (resp. droite). Alors u est un élément différentiable de $L^p(G, L)$ pour la représentation régulière gauche (resp. droite) de G dans $L^p(G, L)$.

[La dernière assertion signifie que la distribution $D * u$ (resp. $u * D$) est dans L^p pour tout $D \in U(\underline{g})$.]

On applique le corollaire précédent à $(\pi, V) = (\ell, E(G, L))$ (resp. = $(r, E(G, L))$, $(\pi', W) = (\ell, L^p(G, L))$ (resp. $(r, L^p(G, L)))$, et $P = E(G, L) \cap L^p(G, L))$, A étant l'application évidente. Les hypothèses sont remplies vu que tout élément de $E(G, L)$ est différentiable, que $E(G, L)$, $L^p(G, L)$ sont stables par convolution avec $D(G)$ et par translations, et que $(\ell, E(G, L))$ et $(r, E(G, L))$ sont permises puisque K est compact.

3.22. Définition. Supposons G de Lie réductif, connexe. Une représentation continue π de G dans V est quasi-simple si elle est permise et si $Z(\underline{g})$ opère par homothéties dans V^∞.

On verra plus loin (5.25) que toute représentation unitaire irréductible, ou factorielle, est quasi-simple.

3.23. THÉORÈME. [12, Thm. 4] Supposons G réductif, connexe, soient k une sous-algèbre compacte maximale de $D\underline{g}$ et K le sous-groupe analytique correspondant. Soit π une représentation continue, topologiquement irréductible quasi simple de G dans V. Il existe un entier N tel que:

$$\dim V_\lambda \leqq N . d(\lambda)^2 \qquad (\lambda \in R_K) \quad . \tag{1}$$

On a $V \neq \{0\}$. Il existe alors (3.6, 3.12, 3.16), $\lambda \in R_K$ tel que $V_\lambda \cap V^\infty \neq \{0\}$. Soit donc $v \in V_\lambda \cap V^\infty$, $v \neq 0$. Cet élément est K-fini (3.6, 3.16) et Z-fini vu l'hypothèse, par suite (3.16) l'adhérence de $V_o = \pi(U(\underline{g})).v$ est stable par G, donc égale à V puisque π est topologiquement irréductible. 3.17 donne alors

$$V_\mu \subset V^\omega, \ \dim V_\mu < \infty , \qquad (\mu \in R_K) \quad .$$

D'autre part, l'annulateur L de v dans $U(\underline{g})$ est un idéal à gauche qui contient le noyau de la restriction de π à $Z(\underline{g})$, i.e. le noyau d'un caractère de $Z(\underline{g})$, et aussi le noyau de la restriction de π à une représentation de type λ

de $U(\underline{k})$. Comme $U(\underline{g}).v$ s'identifie à $U(\underline{g})/L$ en tant que $U(\underline{g})$-module, le théorème 1.7 s'applique, d'où (1).

Remarque. En fait on peut prendre $N = 1$ dans 3.23. Cela est démontré dans [7] si G a une représentation linéaire fidèle et a été récemment étendu au cas général par J. Lepowsky (à paraître).

3.24. Soient G et K comme en 3.23. Soit π une représentation continue de G dans V telle que $Z(\underline{g})$ opère par homothéties dans V^{∞}. On a donc

$$\pi(z) = \chi_{\pi}(z).\mathrm{Id} \qquad (z \in Z(\underline{g}))$$

et χ_{π} est un caractère de $Z(\underline{g})$, appelé le caractère infinitésimal de π.

Supposons π permise. Alors $V_K^{\infty} = \Sigma(V_{\lambda} \cap V^{\infty})$ est dense dans V (3.12) et stable par $U(\underline{g})$ (1.8). La classe d'équivalence de la représentation de $U(\underline{g})$ dans V_K ainsi obtenue s'appellera le type infinitésimal de π. En fait, Harish-Chandra [10, §10] prend les vecteurs analytiques au lieu de V^{∞}. Cette différence est sans importance pour la suite car on ne s'intéressera qu'au cas où les V_{λ} sont de dimension finie, donc formés de vecteurs scalairement analytiques, différentiables, et aussi analytiques et l'espace de représentation est V_K dans les deux cas. Deux représentations permises sont dites infinitésimalement équivalentes si elles ont même type infinitésimal. Deux représentations équivalentes sont infinitésimalement équivalentes. La réciproque est vraie dans le cas unitaire irréductible (5.29).

3.25. PROPOSITION. [12, Thm. 3] Supposons G de Lie réductif connexe. Soit K comme en 3.23. Soient $\lambda \in R_K$ et χ un caractère de $Z(\underline{g})$. Les représentations permises irréductibles de G dont la réduction à K fait intervenir λ, et dont le caractère infinitésimal est égal à χ forment un nombre fini de classes d'équivalence infinitésimale.

Soit (π, V) une représentation de la classe considérée. Soit $v \in V_{\lambda}$ un élément non nul d'un K-module de type λ. Il est scalairement analytique (3.17). Il résulte de 3.17 que V_{μ} est de dimension finie pour tout $\mu \in R_K$, et que V_K est un $U(\underline{g})$ module irréductible. On a donc $V_K = U(\underline{g}).v$ et par suite $V_K \cong U(\underline{g})/J$, où J est l'annulateur de v dans $U(\underline{g})$. Ce dernier est un idéal à gauche qui contient le noyau de χ et celui de toute représentation de type λ de $U(\underline{k})$. Il est maximal puisque V_K est irréductible. Le prop. résulte alors de 1.6.

3.26. [10, §10] Pour définir le caractère infinitésimal d'une représentation dans V on a supposé que $Z(\underline{g})$ opérait par homothéties dans V^{∞}. Il peut être plus commode d'imposer cette condition à la représentation de $Z(\underline{g})$ dans un sous-espace dense (par exemple V_K) ce qui est à première vue plus faible. Le but de ce n° est de montrer que cela revient au même, au moins lorsque V est tonnelé.

Soit π une représentation de G dans V. On suppose le dual V' de V muni de la topologie de la convergence compacte. On note π la représentation contragrédiente de G dans V'. On a donc

$$\langle \pi(x).v,\ \check{\pi}(x).v' \rangle = \langle v,\ v' \rangle \quad (x \in G,\ v \in V,\ v' \in V')$$

ou encore $\check{\pi}(x) = {}^t\pi(x^{-1})$. Supposons π continue et V tonnelé. Alors $\check{\pi}$ est continue ([1], Chap. VIII, §2, n° 1 Prop. 2 et n° 2 Prop. 3). [Rem. $\check{\pi}$ n'est pas la contragrédiente au sens de Bruhat [2], qui la fait agir dans un sous-espace fermé du dual fort de V.] On étend $\check{\pi}$ à $C'(G)$ en posant, par définition, $\check{\pi}(m) = {}^t\pi(\check{m})$. Comme V' est quasi-complet, cette définition coincide avec celle de 3.3.

Supposons G de Lie. Soit

$$V'_o = \bigcup_{f \in D(G)} \check{\pi}(f).V' .$$

Les éléments de V'_o sont évidemment "scalairement différentiables", mais le rédacteur ne sait s'ils sont différentiables en général, et du reste n'a pas besoin de le savoir. En tout cas il existe une représentation π^* de $U(\underline{g})$ dans V'_o vérifiant

$$(1) \qquad \langle \pi(D).v,\ v' \rangle = \langle v,\ \pi^*(\check{D})v' \rangle \qquad (v \in V,\ v' \in V'_o,\ D \in U(\underline{g})) .$$

Pour l'obtenir, on pose

$$\pi^*(D)v' = \check{\pi}(D * f).w \quad \text{si} \quad v' = \pi(f).w \qquad (D \in U(\underline{g});\ f \in D(G),\ w \in V') .$$

On vérifie immédiatement que cette définition est légitime (i.e. $\check{\pi}(f).w = \check{\pi}(f').w'$ entraine $\pi^*(D * f).w = \pi^*(D * f').w'$), et fournit la représentation cherchée.

Cela montre que $\pi(D)$, vu comme opérateur (non borné) de V à V, défini sur V^{∞}, a un transposé à domaine de définition dense. Il s'ensuit immédiatement que $\pi(D)$ a un graphe fermé. Par suite, si la restriction de $\pi(D)$ à un sous-espace U dense de V^{∞} est continue, alors $\pi(D)$ est une application continue. En particulier, si $\pi(D) = c.\mathrm{Id}$ sur U, alors $\pi(D) = c.\mathrm{Id}$ sur V^{∞}.

§4. Représentations dans un espace de Hilbert

Dans ce paragraphe, V est un espace de Hilbert séparable, et $G(V)$ le groupe des éléments inversibles de $L(V)$. G est un groupe localement compact unimodulaire.

4.1. Quelques classes d'opérateurs compacts. Soit $A \in L(V)$. On peut écrire $A = U.T$ où U est partiellement isométrique et $T = |A|$ est la valeur absolue de A, i.e. la racine carrée positive de $A^*.A$. On aura à considérer les conditions suivantes, de force croissante, que l'on peut imposer à A.

(i) A est compact $\Longleftrightarrow$ T est compact $\Longleftrightarrow$ T a un spectre discret, ses valeurs propres non nulles sont de multiplicité finie, bornées et ont au plus zéro comme point d'accumulation.

On désignera par (λ_i) $(i = 1, 2, \ldots)$ la suite des valeurs propres de T, rangées par ordre décroissant, chaque valeur propre étant répétée un nombre de fois égal à sa multiplicité. On a donc $\lim \lambda_i = 0$ et il existe une base orthonormale $(e_i)_{i \geq 1}$ de V telle que $T.e_i = \lambda_i.e_i$ pour tout i.

(ii) A est de Hilbert-Schmidt (ou est C_2, ou de carré sommable $\Longleftrightarrow$ T est de H.-S. $\Longleftrightarrow$ $\Sigma\lambda_i^2 < \infty$ $\Longleftrightarrow$ $\Sigma\|Ae_i\|^2$ converge pour une base orthonormale (e_i) de V $\Longleftrightarrow$ $\Sigma\|A.e_i\|^2$ converge pour toute base orthonormale de V.

Dans ce cas, $\Sigma\|A.e_i\|^2 = \Sigma\lambda_i^2$, et est, par définition, le carré de la norme $\|A\|_2$ de H.-S. de A.

(iii) A est à trace finie, ou sommable, ou traçable, ou nucléaire, $\Longleftrightarrow$ T est sommable $\Longleftrightarrow$ $\Sigma\lambda_i$ converge $\Longleftrightarrow$ $\Sigma|(Te_i, e_i)|$ converge pour une base orthonormale $\Longleftrightarrow$ $\Sigma|(ABe_i, B^{*-1}e_i)|$ converge pour toute base orthonormale et tout $B \in G(V)$.

Dans ce cas $\Sigma(ABe_i, B^{*-1}e_i)$ est indépendante de (e_i), B, et est appelée la trace $\operatorname{tr} A$ de A. On a $|\operatorname{tr} A| \leq \Sigma\lambda_i$; cette dernière somme est, par définition, la norme trace $\|A\|_1$ de A. On a

$$Ax = \Sigma\lambda_n(x, e_n)f_n \qquad (f_n = U.e_n) \tag{1}$$

et où (f_n) est par suite un système orthonormal (non complet si A n'est pas inversible), d'où

(2) $$\operatorname{tr} A = \Sigma \lambda_n (e_n, f_n) .$$

(iv) A est "sommable par rapport à la base orthonormale (e_i)" $\Longleftrightarrow$ $\Sigma_{i,j} |(Ae_i, e_j)| < \infty$.

Evidemment (iii) $\Longleftrightarrow$ (iv) si $A = T$. En général (iv) est plus forte que (iii) [12; §2] et dépend de la base.

L'espace $C_i(V)$ des opérateurs de classe C_i $(i = 1, 2)$ est un idéal auto-adjoint bilatère de $L(V)$; on a $C_2(V).C_2(V) \subset C_1(V)$ et

(3) $$\|A\|^2 \leqq \|A\|_2^2 = \|A.A^*\|_1^2 = \operatorname{tr}(A.A^*) \qquad (A \in C_2(V)) .$$

(4) $$\|A.B\|_2 \leqq \|A\| \, \|B\|_2, \quad \|B.A\|_2 \leqq \|B\|_2 \|A\| \qquad (A \in L(V), B \in C_2(V)) .$$

$C_1(V)$, (resp. $C_2(V)$) muni de la norme trace (resp. du produit scalaire $(A, B) = \operatorname{tr}(A.B^*)$) est un espace de Banach (resp. de Hilbert). C'est la complétion de l'espace $F(V)$ des opérateurs de rang fini par rapport à la norme trace (resp. de H.-S.). Rappelons encore que l'ensemble des opérateurs compacts est l'adhérence de $F(V)$ dans $L(V)$, pour la topologie uniforme.

4.2. <u>Caractère d'une représentation</u>. Soit π une représentation continue de G dans V. L'ensemble L_π des $m \in C'(G)$ pour lesquelles $\pi(m) \in C_1(V)$ est visiblement un idéal de $C'(G)$. On dit que π <u>a un caractère</u> si L_π est dense dans $C'(G)$. Dans ce cas, la forme linéaire $m \longmapsto \operatorname{tr} \pi(m)$ sur L_π est le <u>caractère de</u> π.

Soient G' un groupe localement compact, $G' \longrightarrow G$ un homomorphisme surjectif de noyau discret et $\pi' = \sigma \circ \pi$. Alors π a un caractère si et seulement si π' en a un. Cela résulte de l'égalité $\pi'(m) = \pi(\sigma(m))$ (3.3) et du fait que $\sigma : C'(G') \longrightarrow C'(G)$ est surjective.

En fait, on s'intéressera principalement au cas où G est de Lie et où le caractère est défini sur $D(G)$ et est une distribution. L'assertion précédente est encore valable pour un tel caractère car on a $\pi'(f) = \pi(f^b)$ $(f \in K(G'))$, où $.^b$ est l'intégration sur les fibres, et $f \longmapsto f^b$ est une application continue ouverte de $D(G')$ sur $D(G)$.

On notera $\check{\pi}$ la représentation contragrédiente de π. L'espace de $\check{\pi}$ est le dual de V_π. Soit j l'anti-isomorphisme canonique de V sur son dual V'. Alors

(4) $$j(\pi(x).v) = \check{\pi}(x).j(v) \qquad (v \in V_\pi,\ x \in G) .$$

Le produit scalaire sur V' est la forme inverse du produit scalaire sur V, donc

(5) $$(j(x),\ j(y)) = (y,\ x) \qquad (x,\ y \in V_\pi) .$$

Par conséquent

(6) $$(\check{\pi}(x).j(u),\ j(v)) = \overline{(\pi(x).u,\ v)} \qquad (x \in G,\ u,\ v \in V_\pi) .$$

Cela entraine que si π possède un caractère θ_π, alors $\check{\pi}$ a un caractère $\theta_{\check{\pi}}$ ayant même domaine de définition L_π que π, et l'on a

(7) $$\theta_{\check{\pi}}(f) = \overline{\theta_\pi(\bar{f})} \qquad (f \in L_\pi) .$$

Remarque. Il y a plusieurs variantes pour la notion de caractère [8]. Ici, on a suivi [19].

4.3. THÉORÈME. [13] *Soit* π *une représentation continue de* G *dans* V. *Soit* K *un sous-groupe compact de* G. *On suppose que les espaces* V_λ $(\lambda \in R_K)$ *sont de dimension finie.*

(i) π *a un caractère et* L_π *contient les mesures* e_λ $(\lambda \in R_K)$.

(ii) *S'il existe une constante* c *telle que* $\dim V_\lambda \leq c.d(\lambda)^2$, $(\lambda \in R_K)$, *alors* $\pi(f) \in C_2(V)$ *si* $f \in L^2(G)$, *à support compact.*

(iii) *Si* G *est de Lie et* $\dim V_\lambda$ *est à croissance polynomiale sur* R_K (cf. 2.5) *alors* $\pi(f)$ *est à trace finie si* $f \in D(G)$ *et* $f \longmapsto \operatorname{tr} \pi(f)$ *est une distribution sur* G.

Par formation de moyenne sur K, on peut trouver un produit scalaire sur V, compatible avec sa structure d'EVT, et invariant par K. Il existe donc $B \in G(V)$ tel que $B.\pi(K).B^{-1}$ soit formé d'opérateurs unitaires. Comme les assertions de la proposition sont invariantes par équivalence, on peut supposer que $\pi(K)$ est formé d'opérateurs unitaires.

(i) $\pi(e_\lambda)$ est un projecteur de V sur V_λ, donc est de rang fini, et *a fortiori* de classe C_1, et l'idéal des e_λ est dense dans C'(G) vu 3.6.

(ii) Nous montrerons tout d'abord: soit C un compact de G. Alors il existe une constante $M \geq 0$ telle que

(1) $$\|\pi(g)\|_2 \leqq M\|g\|_2 \ , \qquad (g \in K(G),\ \mathrm{supp}\, g \subset C) \ ,$$

et en particulier, $\pi(g) \in C_2(V)$. [A gauche: norme de H.-S., à droite: norme L^2.] Soit

$$m(x) = \int_K g(x.k).\pi(k)\, dk \qquad (x \in G) \ .$$

Les endomorphismes $\pi(k)$ $(k \in K)$ laissent V_λ stable, et la représentation de K dans V_λ est la somme directe d'au plus $c.d(\lambda)$ copies d'une représentation ρ_λ de type λ. Comme ρ_λ intervient $d(\lambda)$ fois dans la représentation régulière gauche de K dans $L^2(K)$, il s'ensuit que

$$\|m(x)\|_2^2 \leqq c\Sigma_\lambda \|\int g(x.k)\ell_\lambda(k)\, dk\|_2^2 = c\|\int g(x.k).\ell(k)\, dk\|_2^2$$

où l'on a désigné par ℓ_λ la restriction de ℓ à la composante isotypique de type λ de $L^2(K)$. Vu les relations d'orthogonalité, le dernier terme est $\leqq c\int |g(x.k)|^2\, dk$, d'où

(2) $$\|m(x)\|_2^2 \leqq c.\int |g(x.k)|^2\, dk \qquad (x \in G)$$

ce qui montre en particulier que $m(x)$ est de H.-S. On a

$$\pi(g) = \int g(x).\pi(x)\, dx = \int g(xk).\pi(xk)\, dx = \int dk \int g(xk)\pi(xk)\, dx$$
$$\pi(g) = \int \pi(x).m(x)\, dx = \int_{C'} \pi(x).m(x).\, dx$$

où C' est un compact contenant $C.K$. On a alors (utilisant 4.1(4))

$$\|\pi(g)\|_2 \leqq \int_{C'} \|\pi(x).m(x)\|_2.\, dx \leqq \int_{C'} \|\pi(x)\|.\, \|m(x)\|_2.\, dx$$
$$\|\pi(g)\|_2 \leqq \int_{C'} dx(\int |g(x.k)|^2\, dk)^{1/2}.d \ ,$$

où $d = c^{1/2}.\max_{x \in C'} \|\pi(x)\| < \infty$. Pour établir (1), il suffit donc de montrer que la double intégrale de droite est bornée par $\|g\|_2$, à une constante ne dépendant que de C' près, ce qui est immédiat, car si $q(x)$ est une fonction continue positive à support compact, égale à un sur C', on a par Schwarz

$$\int_{C'} dx(\int |g(x.k)|^2 dk)^{1/2} \leqq \int_G dx\, q(x)(\int |g(x.k)|^2 dk)^{1/2}$$
$$\leqq (\int q(x)^2 dx)^{1/2}(\int dx \int |g(x.k)|^2 dk)^{1/2} = (\int q(x)^2 dx)^{1/2} . \|g\|_2 \ .$$

Soient maintenant $f \in L^2(G)$, à support compact, et C un voisinage compact de supp f. Soit (f_j) une suite de fonctions continues à support dans C et convergeant en moyenne quadratique vers f. Alors $\pi(f_j) \longrightarrow \pi(f)$ fortement car

$$\|\pi(f_j) - \pi(f)\| \leqq (\max_C \|\pi(x)\|) \int |f_j(x) - f(x)| \, dx \ ,$$

et, par Schwarz,

$$\int |f_j(x) - f(x)| \, dx \leqq (\int_C dx)^{1/2})(\int |f_j(x) - f(x)|^2 dx)^{1/2} \ .$$

Par hypothèse, (f_j) est une suite de Cauchy dans $L^2(G)$, formée de fonctions continues à support dans le compact C, donc, d'après (1), $\pi(f_j)$ est une suite de Cauchy dans $C_2(V)$, et converge par conséquent dans $C_2(V)$ vers un opérateur T de H.-S. Mais la norme usuelle d'un opérateur de H.-S. est majorée par sa norme de H.-S., donc $\pi(f_j) \longrightarrow T$ en norme, et $T = \pi(f)$.

(iii) Les espaces $V_\lambda = E_\lambda V = \pi(e_\lambda).V$ sont mutuellement orthogonaux et leur somme est dense dans V (3.6), donc V est somme directe hilbertienne des V_λ. La réunion de bases orthonormales $(e_{\lambda, i})$ des V_λ est une base orthonormale de V. Nous voulons montrer

(3) $$\Sigma_{\lambda, \mu, p, q} |(e_{\lambda, p}, \pi(f).e_{\mu, q})| < \infty \qquad (f \in D(G))$$

ce qui implique que $\pi(f)$ est de trace finie (4.1(iv)). Evidemment

$$|(e_{\lambda, p}, \pi(f).e_{\mu, q})| \leqq \|E_\lambda . \pi(f). E_\mu\| \ .$$

Par hypothèse, il existe $c > 0$ et s entier $\geqq 0$ tels que

(4) $$\dim V_\lambda \leqq c.d(\lambda)^s \qquad (\lambda \in R_K) \ .$$

Il suffit donc, pour établir (3), de fair voir que

(5) $$\Sigma_{\lambda, \mu} d(\lambda)^s d(\mu)^s \|E_\lambda . \pi(f). E_\mu\| < \infty \ .$$

A cet effet, considérons la représentation σ de $G \times G$ dans $L(V)$

définie par $\sigma(a.b).u = \pi(a).u.\pi(b^{-1})$. Le groupe $K \times K$ est compact dans $G \times G$ et l'on a $R_{K\times K} = R_K \times R_K$. Il est clair que

$$L(V)_{\lambda,\mu} = E_\lambda . L(V). E_\mu .$$

Comme $\pi(g)$ est différentiable pour σ si $g \in D(G)$, 3.10 implique

$$(6) \qquad \Sigma_{\lambda,\mu} \| E_\lambda . \pi(g). E_\mu \| < \infty \qquad (g \in D(G)) .$$

Soit z_o l'élément de $Z(\underline{k})$ qui induit l'homothétie de rapport $d(\lambda)^2$ dans toute représentation irréductible de type λ, quel que soit $\lambda \in R_K$ (2.8). Alors $\pi(z_o^m)$ commute à la restriction de E_λ à V^∞, et induit l'homothétie de rapport $d(\lambda)^{2m}$ dans V_λ, (m entier positif, $\lambda \in R_K$). On a donc

$$\| E_\lambda \pi(z_o^m * f * z_o^m) E_\mu \| = d(\lambda)^{2m} . d(\mu)^{2m} . \| E_\lambda \pi(f) E_\mu \| ,$$

donc (5) résulte de (6), appliqué à $g = z_o^m * f * z_o^m$, où $m \geqq s/2$. Ainsi, $\operatorname{tr} \pi(f)$ existe ($f \in D(G)$). Pour montrer que l'on obtient ainsi une distribution, on établira l'assertion suivante

(*) Il existe $t \in Z(\underline{k})$ ayant la propriété suivante: étant donné un compact C de G, on peut trouver une constante $M \geqq 0$ telle que

$$(7) \qquad |\operatorname{tr} \pi(f)| \leqq M. \| \pi(t * f) \| \qquad (f \in D(G); \operatorname{supp} f \subset C) .$$

On a, dans les notations précédentes:

$$|\operatorname{tr} \pi(f)| \leqq \Sigma |(e_{\lambda,p}, E_\lambda \pi(f). E_\lambda e_{\lambda,p})| \leqq c \Sigma_\lambda d(\lambda)^s \| E_\lambda \pi(f) \| \leqq c \Sigma \| E_\lambda \pi(z_o^m * f) \|$$

si $m \geqq s/2$. Appliquons la remarque à 3.10 à la représentation de G dans $L(V)$ définie par translations à gauche. Elle montre l'existence de $z \in Z(\underline{k})$ et d'une constante c' tels que

$$\Sigma_\lambda \| E_\lambda \pi(z_o^m * f) \| \leqq c' \| \pi(z * z_o^m * f) \| , \qquad (f \in D(G), \operatorname{supp} f \subset G) ,$$

d'ou (7), en prenant $M = c.c'$ et $t = z.z_o^m$.

Soit maintenant (f_j) ($j \in I$) une suite d'éléments de $D(G)$ tendant vers zéro dans $D(G)$. Il existe donc un compact $C \subset G$, contenant $\operatorname{supp} f_j$ pour tout j, et $t * f_j \longrightarrow 0$ uniformément. Il s'ensuit que $\pi(t * f_j) \longrightarrow 0$ dans $L(V)$ en norme, donc $\operatorname{tr} \pi(f) \longrightarrow 0$ vu (7). c.q.f.d.

Le théorème précédent ne suffit malheureusement pas, vu l'existence de groupes semi-simples à centre infini. On indique brièvement ci-dessous une version voisine destinée à couvrir ce cas. On peut aussi probablement affaiblir l'hypothèse sur $\pi(C)$, à condition d'imposer (1) à K.C, mais cela obligerait à des variations sur la notion de représentation permise dont le rédacteur peut se dispenser sans dommage, vu que ladite hypothèse est automatiquement vérifiée dans le cas unitaire factoriel, et qu'il s'intéresse ici avant tout aux groupes semi-simples.

4.4. THÉORÈME. [13] Supposons G de Lie connexe, réductif. Soit K un sous-groupe analytique de DG dont l'algèbre de Lie est une sous-algèbre compacte maximale de Dg, et soit C le centre connexe de G. Soit π une représentation permise de G dans V, et telle que $\pi(C)$ soit formé d'homothéties. On suppose qu'il existe un entier $s \geq 0$ et une constante $c \geq 0$ telles que

$$\dim V_\lambda \leq c.\,d(\lambda)^s \qquad (\lambda \in R_K) \;. \tag{1}$$

(i) La représentation π possède un caractère distribution.

(ii) Supposons $s = 2$. Soit f une fonction sur G à support compact, de carré intégrable. Alors $\pi(f)$ est de H.-S.

On a déjà remarqué (4.2) que l'on peut se borner à démontrer (i) lorsque G est simplement connexe. Il en est de même pour (ii) car si G' est le revêtement universel de G, il existe une fonction g sur G', à support compact, de carré intégrable, telle que $g^b = f$.

On suppose dorénavant G simplement connexe. Soit D le centre connexe de K. On a la décomposition d'Iwasawa $DG = N.A.K$, d'où $G = N.A.DK.D.C$. Soient, comme en 3.16, L un sous-groupe uniforme de D contenu dans Z(G) qui agit par homothéties sur V et m le caractère de K tel que $\pi(x) = x^m.\mathrm{Id}$ $(x \in L)$. On prolonge m en une fonction sur G en posant $x^m = (d_x)^m$, où d_x est la composante en D de x suivant la décomposition ci-dessus. On a

$$(x.y)^m = x^m.y^m \qquad (x \in G,\ y \in K.C) \tag{2}$$

ce qui entraine immédiatement que

$$x \longmapsto \pi(x).x^{-m} \qquad (x \in G)$$

est une application continue de G dans $L(V)$, constante suivant les classes $x.L$, d'où une application continue $\pi' : G' = G/L \longrightarrow L(V)$ qui, vu (2) vérifie

$$\pi'(x'.y') = \pi'(x').\pi'(y') \qquad (x' \in G,\ y' \in K') \tag{3}$$

où $K' = K/L$. On note σ la projection de G sur G' et dx' la mesure quotient sur G'.

La démonstration de (i) est pratiquement identique à celle donnée en 4.3. Il suffit d'utiliser K' au lieu de K, ce qui est possible vu 3.16.

Démonstration de (ii): tout d'abord, en utilisant (3), on voit exactement comme en 4.3 que si f' est une fonction à support compact, de carré intégrable sur G', alors

$$\pi'(f') = \int_{G'} \pi'(x)\, f'(x)\, dx'$$

est de H.-S.

Soit f une fonction sur G de support contenu dans un compact S. Pour $x' \in G'$ posons

$$f'(x') = \sum_{x \in \sigma^{-1}(x')} x^m . f(x) \ .$$

La somme est étendue à une orbite de L, donc comprend au plus $N_o = \mathrm{Card}\,(S^{-1}.S \cap L)$ termes non nuls, et est bien définie; elle représente une fonction à support contenu dans le compact $\sigma(S)$. On a

$$\pi(f) = \pi'(f') \ , \tag{4}$$

vu les égalités

$$\pi(f) = \int_G f(x)\, \pi(x)\, dx = \int_{G'} \big(\sum_{y \in L} f(x.y)\, \pi(x.y)\big) dx' =$$
$$= \int_{G'} dx'.\pi'(x')\big(\sum_{y \in L} f(x.y)(x.y)^m\big) = \pi'(f') \ .$$

Il suffit donc de faire voir que si f est de carré intégrable, il en est de même de f'. Soit M le maximum de $|x^m|$ sur S. On a par Schwarz

$$|f'(\sigma(x))| \leqq \big(\Sigma_y |f(x.y)|^2\big)^{1/2} . \big(\Sigma_y |(x.y)^m|^2\big)^{1/2} \ ,$$

où la somme est étendue aux éléments $y \in L$ tels que $f(x.y) \neq 0$, dont le nombre est $\leqq N_o$, donc

$$|f'(\sigma(x))| \leqq M.N_o \ . \ (\Sigma_{y\in L}|f(x,y)|^2)^{1/2}.$$

(5)

$$\int_{G'} |f'(x')|^2 dx' \leqq (M.N_o)^2 \int_{G'} dx' \ \Sigma |f(x,y)|^2 \leqq (M.N_o)^2 \int |f(x)|^2 dx \ .$$

4.5. Disons que si $m \in C'(G)$, $\pi(m)$ est sommable par rapport à K si $\pi(m)$ est sommable par rapport à une base orthonormale (e_i) (cf. 4.1(iv)), dont chaque élément est contenu dans un espace isotypique pour K. Les démonstrations de 4.3(iii) et 4.4(i) montrent plus précisément que $\pi(f)$ est sommable par rapport à K si $f \in D(G)$.

4.6. PROPOSITION. Soient G et K comme en 4.4. Soient (π_i, V_i) deux représentations continues de G dans des espaces de Hilbert qui sont permises, envoyent le centre connexe de G sur des homothéties, et telles que $\dim V_{i\lambda} < \infty$ $(i = 1, 2, \lambda \in R_K)$. Supposons π_1 et π_2 infinitésimalement équivalentes. Soit $m \in C'(G)$ tel que $\pi_1(m)$ et $\pi_2(m)$ soient nucléaires. Alors $\operatorname{tr} \pi_1(m) = \operatorname{tr} \pi_2(m)$.

Quitte à remplacer le produit scalaire sur V_i par sa moyenne sur K, on peut le supposer invariant par K, auquel cas les $V_{i\lambda}$ $(\lambda \in R_K)$ sont orthogonaux $(i = 1, 2)$. Soit $E_{i\lambda}$ la projection de V_i sur $V_{i\lambda}$ $(i = 1, 2)$. Alors

(1) $$\operatorname{tr} \pi_i(m) = \Sigma_{\lambda\in R_K} \operatorname{tr} E_{i\lambda}\pi_i(M) E_{i\lambda} \qquad (i = 1, 2) \ .$$

Identifions le dual $V'_{i\lambda}$ de $V_{i\lambda}$ au sous-espace de V'_i orthogonal à la somme hilbertienne des $V_{i\mu}$ $(\mu \neq \lambda)$. Si e_{ij} $(1 \leqq j \leqq \dim V_{i\lambda})$ est une base de $V_{i\lambda}$ et (e'_{ij}) la base duale dans $V'_{i\lambda}$, on a évidemment

(2) $$\operatorname{tr} E_{i\lambda} \pi_i(m) E_{i\lambda} = \Sigma_j \langle \pi_i(m).e_{ij}, e'_{ij} \rangle \ .$$

Par hypothèse, il existe un isomorphisme $\alpha : V_{1K} \longrightarrow V_{2K}$ qui est $U(\underline{g})$-équivariant. Il applique évidemment $V_{1\lambda}$ sur $V_{2\lambda}$ pour $\lambda \in R_K$. Soit $\check{\alpha} : V'_{1\lambda} \longrightarrow V'_{2\lambda}$ l'isomorphisme contragrédient de α. Vu ce qui précède, il suffit de montrer que si $u \in V_{i\lambda}$, $v \in V'_{i\lambda}$ alors

(3) $$\langle \pi_1(m).u, v \rangle = \langle \pi_2(m)\alpha(u), \check{\alpha}(v) \rangle \ .$$

Soient c_1, c_2 les fonctions sur G définies par

$$c_1(x) = \langle \pi_1(x).u,\ v\rangle,\quad c_2(x) = \langle \pi_2(x)\alpha(u),\ \check{\alpha}(v)\rangle\ .$$

Par définition

$$(4)\qquad \begin{aligned} \langle \pi_1(m).u,\ v\rangle &= \int_G c_1(x)\, dm_x\ , \\ \langle \pi_2(m)\alpha(u),\ \check{\alpha}(v)\rangle &= \int_G c_2(x)\, dm_x\ . \end{aligned}$$

On est donc ramené à montrer:

$$(5)\qquad c_1 = c_2\ .$$

Comme u, v, $\alpha(u)$, $\check{\alpha}(v)$ sont K-finis et Z-finis, c_1 et c_2 sont des fonctions analytiques sur G (3.14). Pour établir (5), il suffit donc de faire voir:

$$(6)\qquad (D * c_1)(e) = (D * c_2)(e) \qquad \text{quel que soit } D \in U(\underline{g})\ .$$

Un calcul immédiat montre que l'on a

$$(7)\qquad (D * c_1)(e) = \langle \pi_1(\check{D})u,\ v\rangle,\quad (D * c_2)(e) = \langle \pi_2(\check{D})\alpha(u),\ \check{\alpha}(v)\rangle\ .$$

Mais α est $U(\underline{g})$ équivariant, et l'on a, pour tout $\mu \in R_K$

$$E_{2\mu} \circ \alpha = \alpha \circ E_{1\mu}\ .$$

Par conséquent, pour tout $D \in U(\underline{g})$, on a

$$\begin{aligned} \langle \pi_2(D)\alpha(u),\ \check{\alpha}(v)\rangle &= \langle E_{2\lambda}.\pi_2(D)\alpha(u),\ \check{\alpha}(v)\rangle = \langle \alpha(E_{1\lambda}.\pi_1(D).u), \check{\alpha}(v)\rangle = \\ &= \langle E_{1\lambda}.\pi_1(D).u,\ v\rangle = \langle \pi_1(D).u,\ v\rangle\ , \end{aligned}$$

et (6) résulte de (7).

4.7. PROPOSITION. Supposons G de Lie réductif connexe. Soit π une représentation continue irréductible quasi-simple de G dans V envoyant le centre connexe de G sur des homothéties. Alors π possède un caractère distribution, qui est complètement déterminé par le type infinitésimal de π. Si f est une fonction à support compact de carré intégrable sur G, alors $\pi(f)$ est de Hilbert-Schmidt.

Soit K comme en 4.4. Vu 3.23, il existe un entier N tel que

$\dim V_\lambda \leqq N\, d(\lambda)^2$ $(\lambda \in R_K)$. 4.7 résulte donc de 4.4 et 4.6.

4.8. Soient G, K comme en 4.4. Soient (π_i, V_i), $(i = 1, 2)$, deux représentations continues irréductibles quasi-simples de G dans des espaces de Hilbert et représentant le centre connexe de G par des homothéties. Soit

$$t_{i\lambda}(x) = \mathrm{tr}\, E_{i\lambda} . \pi_i(x) . E_{i\lambda} .$$

Alors les conditions suivantes sont équivalentes:

(i) π_1 est infinitésimalement équivalente à π_2,

(ii) $t_{1\lambda} = t_{2\lambda}$ quel que soit $\lambda \in R_K$,

(iii) il existe un $\lambda \in R_K$ tel que $V_{i\lambda} \neq \{0\}$ $(i = 1, 2)$ et $t_{1\lambda} = t_{2\lambda}$.

Les implications (i) $\Longrightarrow$ (ii) $\Longrightarrow$ (iii) sont claires, vu 4.6(5). Montrons que (iii) $\Longrightarrow$ (i). 4.6(2), (7) entrainent immédiatement:

$$(1) \qquad (D * t_{i\lambda})(e) = \mathrm{tr}\, E_{i\lambda} \pi_i(\check{D})\, E_{i\lambda} \qquad (D \in U(\underline{g}))$$

ce qui montre en premier lieu que le caractère infinitésimal χ_i de π_i est déterminé par $t_{i\lambda}$, donc $\chi_1 = \chi_2$.

Vu 3.17 et l'irréductibilité, on a $V_{iK} = U(\underline{g})/J_i$ où J_i est l'annulateur d'un élément v_i non nul de $V_{i\lambda}$ et est un idéal à gauche maximal de $U(\underline{g})$ contenant le noyau de λ dans $U(\underline{k})$ et le noyau de $\chi_1 = \chi_2$ dans $Z(\underline{g})$.

Soit C le centralisateur de $U(\underline{k})$ dans $U(\underline{g})$. D'après 1.6, $J_i \cap C.U(\underline{k})$ est un idéal à gauche maximal de $C.U(\underline{k})$ et $V_{i\lambda}$ s'identifie au $C.U(\underline{k})$-module $C.U(\underline{k})/(C.U(\underline{k}) \cap J_i)$ et est en particulier irréductible. L'égalité (1) montre que les deux représentations ainsi obtenus de $C.U(\underline{k})$ ont même trace. Elles sont donc équivalentes, ce qui entraine (1.6) que V_{1K} et V_{2K} sont des $U(\underline{g})$-modules isomorphes.

§5. Représentations unitaires

Dans ce paragraphe, V est un espace de Hilbert séparable, G un groupe localement compact.

5.0. Ce n° liste les propriétés des opérateurs non-bornés utilisées dans ce paragraphe. Rappelons tout d'abord quelques définitions.

Soient U, W des espaces de Hilbert. Un opérateur A de U à W est une application linéaire d'un sous-espace de U, que l'on notera Def(U), dans W. On écrit $A \subset B$, et on dit que B est une extension de A, si $\mathrm{Def}(A) \subset \mathrm{Def}(B)$ et $B = A$ sur Def(A). L'opérateur A est dit fermé si son graphe l'est. Si Def(A) est dense, l'adjoint A^* de A est défini par la relation $A^*_y = z$ sur l'ensemble des $y \in W$ pour lesquels on peut trouver $z \in U$ tel que $(z, x) = (y, A.x)$ $(x \in \mathrm{Def}(A))$. On dit que A est hermitien si $A \subset A^*$, auto-adjoint si $A = A^*$ et essentiellement auto-adjoint si $A = A^{**}$; dans ce dernier cas, A^* est l'unique prolongement auto-adjoint de A, et le graphe de A^* est l'adhérence du graphe de A.

On utilisera les faits suivants, dont les deux premiers sont élémentaires. A désigne un opérateur de U à W et B un opérateur de V à V, tous deux à domaine de définition dense.

(1) A^* est fermé. A possède une extension fermée si et seulement si $\mathrm{Def}(A^*)$ est dense.

(2) Si A est fermé, alors $\mathrm{Def}(A^*.A)$ est dense, et $A^*.A$ est auto-adjoint positif.

(3) Le théorème de décomposition spectrale pour B, lorsque B est auto-adjoint.

(4) Le théorème de décomposition polaire: Si B est fermé, on peut écrire $B = M.P$ où P est auto-adjoint positif, M est borné, partiellement isométrique. De plus, P est la racine carrée positive de $B^*.B$.

5.1. DEFINITION. Une représentation unitaire de G est une représentation continue dans un espace de Hilbert W par des automorphismes de W.

Exemple. La représentation régulière gauche (resp. droite) de G dans $L^2(G, dx)$ où dx est une mesure de Haar invariante à gauche (resp. droite) est unitaire, vu l'égalité

$$\int (f(y).g(y)).dy = \int f(x.y).\overline{g(x.y)}dy \qquad (\text{resp.} = \int f(y.x).\overline{g(y.x)}dy)) \quad (x \in G) .$$

Étant donnée une fonction complexe f sur G, on notera $\tilde{f}$ la fonction $x \longmapsto f(x^{-1})$. Soit $\sim : m \longmapsto \tilde{m}$ l'application de $C'(G)$ transposée de $f \longmapsto \tilde{f}$. Evidemment

(1) $$(c.m)^{\sim} = \bar{c}.\tilde{m}, \quad (m+m')^{\sim} = \tilde{m} + \tilde{m}' \quad \tilde{\tilde{m}} = m , \qquad (c \in \mathbb{C} ; m, m' \in C'(G)) ,$$

(2) $$(m * m')^{\sim} = \tilde{m}' * \tilde{m} .$$

On vérifie immédiatement que si π est une représentation unitaire de G, alors

(3) $$\pi(\tilde{m}) = \pi(m)^* \qquad (m \in C'(G)) .$$

5.2. Deux représentations unitaires π, π' de G sont unitairement équivalentes s'il existe un isomorphisme A de V_π sur $V_{\pi'}$ tel que l'on ait

(1) $$A.\pi(x) = \pi'(x).A \qquad (x \in G) .$$

Deux représentations unitaires équivalentes (au sens de 3.1), sont toujours unitairement équivalentes. En effet, en passant aux adjoints, et en notant que $\pi(x^{-1}) = \pi(x)^*$, $\pi'(x^{-1}) = \pi'(x)^*$, on tire de (1)

(2) $$A^*.\pi'(x) = \pi(x).A^* \qquad (x \in G)$$

ce qui montre que $A^*.A$ commute à $\pi(G)$. Mais $A^*.A$ est un opérateur borné, auto-adjoint, inversible, à inverse borné. Il existe donc un unique opérateur borné auto-adjoint positif T tel que $T^{-2} = A^*.A$. Alors T commute aussi à $\pi(G)$, et l'on a $(A.T)^*.A.T = \text{Id}$. Il s'ensuit que $A.T$ définit une équivalence unitaire de π et π'.

5.3. Soient I un ensemble et π_i $(i \in I)$ des représentations unitaires de G. La somme directe hilbertienne V des espaces V_{π_i} est l'espace d'une représentation π de G définie par

(1) $$\pi(x)((v_i)) = (\pi_i(x).v_i) \qquad (x \in G, \ v_i \in V_{\pi_i}, \ i \in I) .$$

On vérifie tout de suite que π est unitaire. On l'appellera la somme hilbertienne des représentations π_i. Si les π_i sont toutes isomorphes à une représentation π', on écrira aussi $n.\pi'$ (n = Card I) pour π et on dira que π est un multiple de π'.

5.4. Soient π, π' deux représentations continues de G. Un opérateur d'entrelacement de π et π' est une transformation linéaire continue $A : V_\pi \longrightarrow V_{\pi'}$ qui vérifie 5.2(1). L'ensemble des opérateurs d'entrelacement de π et π' est un espace vectoriel complexe, qui sera noté $R(\pi, \pi')$. L'espace $R(\pi, \pi)$ n'est autre que le commutant de $\pi(G)$ dans $L(V_\pi)$. Supposons dorénavant π et π' unitaires. Il est immédiat que $R(\pi', \pi)^* = R(\pi, \pi')$. Par suite, $R(\pi, \pi)$ est une algèbre de von Neumann (algèbre faiblement fermée et stable par $*$). Soient P un sous-espace fermé de V, $P^\perp$ son complément orthogonal et E_P la projection de V_π sur P. Alors les conditions suivantes sont équivalentes: (i) P est stable par G, (ii) $P^\perp$ est stable par G, (iii) $E_P \in R(\pi, \pi)$. Il résulte donc du théorème spectral que π est irréductible si et seulement si $R(\pi, \pi)$ se réduit aux homothéties (lemme de Schur).

Plus généralement, si π est irréductible et W est un sous-espace dense de V_π, stable par $\pi(G)$, tout opérateur A fermé, dont le domaine de définition contient W, et qui commute à la restriction de π à W, est une homothétie. Cela résulte du théorème spectral et de la décomposition polaire d'un opérateur fermé (5.0).

Si π est irréductible il existe donc un caractère unitaire $\chi = \chi_\pi$ du centre C de G tel que $\pi(c) = \chi(c).I$ pour $c \in C$. On appellera χ le caractère central de π.

Soit $A(\pi(G))$ l'algèbre d'opérateurs (faiblement fermée) engendrée par $\pi(G)$. Elle est égale à son bicommutant (von Neumann) donc π est irréductible si et seulement si $A(\pi(G)) = L(V_\pi)$.

Remarque. Pour plus de details sur les opérateurs d'entrelacement, voir [18].

5.5. Supposons π irréductible, et $R(\pi, \pi') \neq \{0\}$. Alors π' contient une sous-représentation isomorphe à π. En effet, soit $A \in R(\pi, \pi') - \{0\}$. Alors $A^*.A$ est un élément non nul de $R(\pi, \pi)$, donc (lemme de Schur) $A^*.A = c.I$ ($c > 0$). On a alors

(1) $$(Ax, Ay) = (A^*.A.x, y) = c(x, y) \qquad (x, y \in V_\pi)$$

donc A est une application linéaire continue d'image fermée de V_π dans $V_{\pi'}$. D'autre part, $\ker A$ est stable par G, donc réduit à $\{0\}$, et A est par suite, à une homothétie près, un isomorphisme de V_π sur un sous-espace W fermé de $V_{\pi'}$ stable par G, qui établit une équivalence entre π et $\pi'|_W$. Cela montre aussi que tout $A \neq 0$ dans $R(\pi, \pi')$ établit une equivalence entre π et une sous représentation de π'. Plus généralement:

LEMME. *Supposons π irréductible. Supposons qu'il existe un opérateur fermé $A \neq 0$ de V_π à $V_{\pi'}$, dont le domaine de définition* Def(A) *est dense dans V_π et stable par G, et qui satisfait à la condition*

$$A.\pi(x).v = \pi'(x).A.v \qquad (v \in \mathrm{Def}(A),\ x \in G)) .$$

Alors $\mathrm{Def}(A) = V_\pi$, A *se prolonge en un élément de* $R(\pi, \pi')$, *et il existe* $c \neq 0$ *tel que* $c.A$ *soit une isométrie de* V_π *sur un sous-espace fermé de* $V_{\pi'}$.

En effet, $\mathrm{Def}(A^*)$ et $\mathrm{Def}(A^*A)$ sont denses dans $V_{\pi'}$ et V_π respectivement. Ils sont visiblement stables par G. Le lemme de Schur (non borné) montre alors que $A^*.A$ est une homothétie sur $\mathrm{Def}(A^*.A)$. L'égalité (1) est par suite valable pour $x, y \in \mathrm{Def}(A^*.A)$, donc A se prolonge en une application continue de V_π dans $V_{\pi'}$, qui, par continuité, est un opérateur d'entrelacement. On est ramené au cas précédent.

5.6. Représentations primaires de type I. La représentation unitaire π est dite *primaire* ou *factorielle* si le centre de $R(\pi, \pi)$ se réduit aux homothéties autrement dit, si $R(\pi, \pi)$ est un facteur. Vu le théorème de densité de von Neumann, $R(\pi, \pi)$ et l'algèbre d'opérateurs $A(\pi(G))$ engendrée par $\pi(G)$ ont le même centre. Il revient donc au même d'exiger que le centre de $A(\pi(G))$ se réduise aux scalaires. En particulier, pour que π soit primaire, il est nécessaire que le centre de G soit représenté par des homothéties. Le théorème de décomposition spectrale implique que π est primaire si et seulement si 0 et Id sont les seuls projecteurs contenus dans le centre de $R(\pi, \pi)$.

La représentation unitaire primaire π est *de type* I si elle contient une sous-représentation irréductible.

Le groupe G est de type I si toutes ses représentations primaires sont de type I.

PROPOSITION. *Soit π une représentation primaire de* G. *Alors les* deux conditions suivantes sont équivalentes:

(i) π est de type I

(ii) $\pi = n.\pi'$ (n entier positif, ou ∞), où π' est irréductible.
De plus, si elles sont satisfaites, le coefficient n et π' sont uniquement déterminés par π, et toute sous-représentation de π est un multiple de π'.

(i) $\Longrightarrow$ (ii). Soient W un sous-espace fermé minimal $\neq \{0\}$ stable par G et π', π'' les restrictions de π à W et $W^{\perp}$. Alors E_W et $E_{W^{\perp}} = 1 - E_W$ sont dans $R(\pi, \pi)$. Si $W \neq V$, alors E_W et $1 - E_W$ ne sont pas dans le centre de $R(\pi, \pi)$, donc il existe $A \in R(\pi, \pi)$ tel que $A(W) \not\subset W$. Il s'ensuit que $(1 - E_W).A$ est un élément non nul de $R(\pi', \pi'')$, donc (5. 5) que π'' contient une sous-représentation isomorphe à π'. On prouve de même que si la restriction de π à un sous-espace fermé propre stable U est un multiple de π', alors la restriction de π à $U^{\perp}$ contient π'. A l'aide du lemme de Zorn, on montre alors que $\pi = n.\pi'$. Cela étant, le lemme de Schur entraine que n est fini si et seulement si $R(\pi, \pi)$ est de dimension finie, et que l'on a, dans ce cas, $\dim R(\pi, \pi) = n^2$, d'où l'unicité de n.

Soit P un sous-espace fermé stable $\neq \{0\}$ de V. Vu $\pi = n.\pi'$, il existe une sous-représentation irréductible de π, de type π', dont l'espace Q a une projection non nulle dans P. La restriction de E_P à Q définit donc un élément non nul de $R(\pi_{|Q}, \pi_{|P})$, donc (5. 5) $\pi_{|P}$ contient une sous-représentation de type π'. On en déduit alors que $\pi_{|Q} = m.\pi'$ par Zorn. En particulier, toute sous-représentation irréductible de π est isomorphe à π', d'où l'unicité de cette dernière.

(ii) $\Longrightarrow$ (i). L'hypothèse donne l'existence d'une sous-représentation irréductible non-triviale. Il reste donc à faire voir que π est primaire, donc que si le projecteur E est dans le centre de $R(\pi, \pi)$, et non nul, alors $E = Id$. Par hypothèse, V est somme hilbertienne de n sous espaces V_i stables par G, sur lesquels la restriction π_i de π est isomorphe à π'. Soit E_i le projecteur de V sur V_i. Il est contenu dans $R(\pi, \pi)$ et commute à E, donc $E.E_i$ et $(1 - E).E_i$ sont des projecteurs dans $R(\pi_i, \pi_i)$. Comme π_i est irréductible, on a soit $E.E_i = E_i$, soit $E.E_i = 0$. Vu $E \neq 0$, il existe un indice j pour lequel la première alternative se présente. Soit $k \neq j$. On a $R(\pi_j, \pi_k) \subset R(\pi, \pi)$ et d'autre part $R(\pi_j, \pi_k) \neq \{0\}$ puisque π_j et π_k sont équivalentes. Soit A non nul dans $R(\pi_j, \pi_k)$. On a

$$E.E_k.A.E_j = E.A.E_j = A.E.E_j = A.E_j \neq 0 \ ,$$

donc $E.E_k \neq 0$ et, par irréductibilité, $E.E_k = E_k$, d'où $E = Id$.

5.7. Décompositions discrètes. On dit que la représentation unitaire π de G admet un décomposition discrète si elle est somme directe hilbertienne de représentations irréductibles.

Soit RU_G l'ensemble des classes d'équivalence de représentations unitaires irréductibles de G. Supposons que π admette une décomposition discrète et fixons une telle décomposition. Pour $\sigma \in RU_G$, soient $V_{(\sigma)}$ la somme des composantes irréductibles de type σ dans cette décomposition, et n_σ le nombre (éventuellement infini) de ces composantes. Les V_σ et n_σ ne dépendent que de π. En effet, 5.5, 5.6 montrent que $V_{(\sigma)}$ contient tous les sous-G-modules fermés de type σ, et est engendré par eux, et 5.6 donne aussi l'unicité de n_σ. On appelle n_σ la multiplicité de σ dans π.

Si les n_σ sont tous finis, on dira que π admet une décomposition discrète à multiplicités finies.

5.8. LEMME. *Soit π une représentation unitaire de G. Supposons que tout sous-espace fermé $\neq \{0\}$ stable contienne un sous-espace fermé stable $\neq \{0\}$ minimal. Alors π admet une décomposition discrète.*

Dém. Soit S l'ensemble dont les éléments sont les sous-G-modules fermés $\neq \{0\}$ de V_π munis d'une décomposition discrète. Il est non vide (V étant supposé $\neq \{0\}$!). On ordonne S en posant $X \leq Y$ si l'espace de X est contenu dans l'espace de Y et si la décomposition de Y prolonge celle de X. C'est un ordre inductif. Soit W l'espace d'un élément maximal. Si $W \neq V$, on peut alors ajouter à la décomposition de W un sous-G-module fermé $\neq \{0\}$ minimal de $W^\perp$, contradiction.

5.9. PROPOSITION. *Soit π une représentation unitaire de G dans V. Supposons qu'il existe une partie J de K(G), formant une suite de Dirac (3.4) telle que $\pi(f)$ soit un opérateur compact pour tout $f \in J$. Alors π admet une décomposition discrète à multiplicités finies.*

Montrons tout d'abord que tout sous-G-module fermé $W \neq \{0\}$ contient un sous-G-module fermé $\neq \{0\}$ minimal. Vu 3.4, on peut trouver $f \in J$ tel que $\pi(f)_{|W} \neq 0$. Soient c une valeur propre non nulle de $\pi(f)$ dans W, et M l'espace propre de $\pi(f)$ dans W correspondant à c. L'espace M est non nul, de dimension finie. Soit N un élément minimal parmi les intersections non nulles de M avec les sous-G-modules fermés de W. Soient $v \in N - \{0\}$ et P le plus petit sous-espace fermé invariant contenant v. Par construction $P \cap M = N$. Montrons que P est minimal. Soit Q un sous-G-module fermé de P et soit R son complément orthogonal dans P. Comme $\pi(f)$ laisse stables Q et R et que $P = Q \oplus R$, on a $N = M \cap P = M \cap Q \oplus M \cap R$, donc ou bien $M \cap Q = N$, et $Q = P$, ou bien $M \cap R = N$, et $P = R$, $Q = \{0\}$.

5.8 montre alors que π admet une décomposition discrète. Soit $\sigma \in RU_G$, tel que $n_\sigma \neq 0$. Alors $\sigma(f)$ est compact si $f \in J$, et il existe $f \in J$ tel que $\sigma(f) \neq 0$. Soit c une valeur propre non nulle de $\sigma(f)$. Alors la dimension de l'espace propre de valeur propre c de $\pi(f)$ est au moins égale à n_σ, donc $n_\sigma < \infty$.

COROLLAIRE. Soit π une représentation unitaire de G dans V. On suppose qu'il existe un sous-groupe compact K de G tel que les sous-espaces V_λ $(\lambda \in R_K)$ soient de dimension finie. Alors $\pi(f.dk)$ est compact pour toute fonction continue centrale f de K, et π admet une décomposition discrète à multiplicités finies.

Par hypothèse, $\pi(e_\lambda)$ est de rang fini $(\lambda \in R_K)$. Or, si f est centrale sur K, continue, elle est limite uniforme de combinaisons linéaires finies des e_λ (cf. §2), donc (3.3), $\pi(f)$ est limite en norme d'opérateurs de rang fini, et est compact. La dernière assertion résulte de la prop. et de l'existence d'une suite de Dirac sur K formée de fonctions continues centrales (3.4).

5.10. Produit tensoriel. (i) Soient V_1, V_2 deux espaces de Hilbert séparables. Rappelons que le produit tensoriel hilbertien $V_1 \hat{\otimes}_2 V_2$ ou $V_1 \hat{\otimes} V_2$ de V_1 et V_2 est le complété de $V_1 \otimes V_2$ par rapport au produit scalaire défini par $(v_1 \otimes v_2, v_1' \otimes v_2') = (v_1, v_1').(v_2, v_2')$. On a une application canonique $A, B \longmapsto A \hat{\otimes} B$ de $L(V_1) \times L(V_2)$ dans $L(V_1 \hat{\otimes} V_2)$. Un élément de $L(V_1 \hat{\otimes} V_2)$ est de la forme $A \otimes I$ si et seulement si il commute à $I \otimes L(V_2)$.

Soient G_1, G_2 deux groupes localement compacts et (π_i, V_i) une représentation unitaire de G_i $(i = 1, 2)$. Alors le lecteur vérifiera immédiatement que

$$x, y \longmapsto \pi_1(x) \hat{\otimes} \pi_2(y)$$

est une représentation unitaire de $G_1 \times G_2$ dans $V_1 \hat{\otimes} V_2$, que l'on appellera le <u>produit tensoriel de</u> π_1 et π_2, et notera quelquefois $\pi_1 \hat{\otimes} \pi_2$. Si $G_1 = G_2 = G$, on appelle aussi produit tensoriel ou produit tensoriel interne de π_1 et π_2 la restriction de $\pi_1 \hat{\otimes} \pi_2$ à la diagonale de $G \times G$.

(ii) Supposons π_1, π_2 irréductibles. Alors $\pi_1 \hat{\otimes} \pi_2 = \sigma$ est irréductible, et sa restriction à $G_1 \times \{e\}$ (resp. $\{e\} \times G_2$) est primaire de type I, isomorphe à $n_2 . \pi_1$ (resp. $n_1 . \pi_2$), où $n_i = \dim V_i$.

En effet, soit $A \in R(\sigma, \sigma)$. Il commute à $\pi_1(G) \hat{\otimes} I$, donc à $A(\pi_1(G)) \otimes I$, qui n'est autre que $L(V_1) \otimes I$ puisque π est irréductible, donc A est de la forme $I \hat{\otimes} A'$. On voit de même que A est de la forme $A'' \hat{\otimes} I$, donc A est une homothétie, et σ est irréductible. Soit (e_i) une base orthonormale de V_2. Alors $V_1 \hat{\otimes} V_2$ est somme directe hilbertienne des espaces $V_1 \otimes e_i$, qui sont stables par $G_1 \times \{e\}$ et sur lesquels la restriction de $G_1 \times \{e\}$ est π_1 d'où la deuxième assertion.

(iii) Étant donné $u \in V_1'$, $v \in V_2$, notons $T_{u,v}$ l'application linéaire de V_1 dans V_2 définie par $T_{u,v}(x) = u(x).v$. On sait que $(u, v) \longmapsto T_{u,v}$ induit un isomorphisme de $V_1' \otimes V_2$ sur l'espace $F(V_1, V_2)$ des opérateurs de rang fini de V_1 dans V_2, qui se prolonge en un isomorphisme ψ (d'espaces de Hilbert) de $V_1' \hat{\otimes} V_2$ sur l'espace $C_2(V_1, V_2)$ des opérateurs de H.-S. de V_1 dans V_2. Il est immédiat que l'on a

$$(1) \qquad A . T_{u,v} . B = T_{{}^tB(u), A(v)} \qquad (u \in V_1', \; v \in V_2, \; A \in L(V_2), \; B \in L(V_1)) \; .$$

Soient π_i et G_i comme en (i). On a une représentation évidente σ de $G_1 \times G_2$ dans $C_2(V_1, V_2)$ définie par

$$\sigma(x, y) . T = \pi_2(y) . T . \pi_1(x)^{-1} \; .$$

L'égalité (1) montre alors que ψ est un isomorphisme de $(\check{\pi}_1 \hat{\otimes} \pi_2, V_1' \hat{\otimes} V_2)$ sur $(\sigma, C_2(V_1, V_2))$.

(iv) Ce qui précède implique en particulier: Soit (π, V) une représentation unitaire irréductible de G. Alors la représentation σ de $G \times G$ dans $C_2(V)$ définie par $\sigma(x, y)T = \pi(x) . T . \pi(y)^{-1}$ est irréductible. Sa restriction à $G \times \{e\}$ (resp. $\{e\} \times G$) est de type I, et est un multiple de π (resp. $\check{\pi}$). En particulier $C_2(V)$ contient des sous-espaces fermés invariants $\neq \{0\}$ minimaux pour $G \times \{e\}$ (resp. $\{e\} \times G$) et la représentation de G dans un tel espace est équivalente à π (resp. $\check{\pi}$).

(v) Si $A_i \in C_1(V_i)$, alors $A_1 \hat{\otimes} A_2 \in C_1(V_1 \hat{\otimes} V_2)$ et $tr(A_1 \hat{\otimes} A_2) = (tr\, A_1).(tr.A_2)$. Donc si π_1 et π_2 ont des caractères, il en est de même de $\pi = \pi_1 \hat{\otimes} \pi_2$ et $L_\pi = L_{\pi_1} \otimes L_{\pi_2}$. Si $G_1 = G_2$, et si $L_{\pi_1} \cap L_{\pi_2} \neq \{0\}$ (cf. 4.2) alors le caractère de $\pi_1 \hat{\otimes} \pi_2$ est défini sur $L_{\pi_1} \cap L_{\pi_2}$ et égal au produit des caractères de π_1 et π_2.

5.11. THÉORÈME. Soient π, π' deux représentations unitaires irréductibles de G ayant des caractères θ, θ' (au sens de 4.2), et soient $\underline{a}$, $\underline{a}' \subset C'(G)$ leurs idéaux de définition respectifs.

(i) Si π et π' sont équivalentes, alors $\underline{a} = \underline{a}'$ et $\theta = \theta'$.

(ii) Si $\underline{a} \cap \underline{a}' \neq \{0\}$ et si θ et θ' coincident sur un idéal bilatère $\underline{b} \neq \{0\}$ de $C'(G)$ contenu dans $\underline{a} \cap \underline{a}'$, alors π est équivalente à π'.

(i) On peut trouver (5.2) un isomorphisme A de V_π sur $V_{\pi'}$ qui soit un opérateur d'entrelacement de π et π'. Soit (e_i) une base orthonormale de V_π. Alors (Ae_i) est une base orthonormale de $V_{\pi'}$, et l'on a pour $c \in C'(G)$:

$$tr\, \pi(c) = \Sigma(\pi(c).e_i, e_i) = \Sigma(A^{-1}.\pi'(c).Ae_i, e_i) = \Sigma(\pi'(c).Ae_i, Ae_i) = tr\, \pi'(c) ,$$

d'où (i).

(ii) Il s'agit de construire canoniquement π à partir de la restriction de θ à $\underline{b}$. On introduit sur $\underline{b}$ le produit scalaire

$$(u, v) = tr(\pi(u).\pi(v)^*) \qquad (u, v \in \underline{b}) .$$

On a

$$(u, u) = 0 \Longleftrightarrow tr\, \pi(u).\pi(u)^* = 0 \Longleftrightarrow \pi(u) = 0$$

donc $\underline{c} = \ker \pi_{|\underline{b}}$ est aussi le noyau de $(\, , \,)$, et $(\, , \,)$ induit un produit scalaire non-dégénéré sur $\underline{b}/\underline{c}$. L'application $u \longmapsto \pi(u)$ induit une application linéaire de $\underline{b}/\underline{c}$ dans l'espace $C_2(V)$ des opérateurs de H.-S. de V_π, qui est isométrique par construction, donc se prolonge par continuité en une isométrie A du complété H de $\underline{b}/\underline{c}$, par rapport à $(\, , \,)$, dans $C_2(V)$.

D'autre part, $\underline{b}$ et $\underline{c}$ sont des idéaux bilatères de $C'(G)$, donc $G \times G$ opère par translations à gauche et à droite sur $\underline{b}/\underline{c}$. Cette représentation préserve le produit scalaire, car

$$(\varepsilon_x * u * \varepsilon_{y^{-1}}, \varepsilon_x * v * \varepsilon_{y^{-1}}) = \mathrm{tr}(\pi(x).\pi(u).\pi(y^{-1}).\pi(y^{-1})^*.\pi(v)^*.\pi(x)^*)$$
$$= \mathrm{tr}(\pi(u).\pi(v)^*) = (u, v) , \qquad (u, v \in C'(G); x, y \in G) ,$$

donc cette représentation se prolonge par continuité en une représentation unitaire τ de $G \times G$ dans H. La relation

$$\pi(\varepsilon_x * u * \varepsilon_{y^{-1}}) = \pi(x).\pi(u).\pi(y^{-1}) ,$$

montre que A est un opérateur d'entrelacement, $G \times G$ opérant sur $C_2(V)$ comme en 5.10. Cette dernière représentation étant irréductible, A définit par suite une équivalence unitaire de τ sur σ. De plus, 5.10(iv) montre que la restriction de τ à $G \times \{e\}$ est de type I, et est un multiple de $\check{\pi}$. Finalement, la restriction de σ à $\{e\} \times G$ admet des sous-représentations irréductibles non triviales, et ces dernières sont toutes isomorphes à π. On a bien reconstitué π à partir de son caractère.

Remarque. Pour cette démonstration, on a suivi [19].

5.12. Coefficients d'une représentation. Soit π une représentation unitaire de G. Étant donnés $u, v \in V_\pi$, on notera $c_{u,v}$, ou $c_{\pi,u,v}$ et on appellera coefficient de π, la fonction $x \longmapsto (\pi(x).u, v)$ sur G. C'est une fonction continue, et bornée (en valeur absolue par $\|u\| \|v\|$), qui est C^∞ si G est de Lie et si u et v sont différentiables. On a, par un calcul immédiat

$$(1) \qquad \begin{aligned} c_{\pi(m).u, v} &= c_{u,v} * \check{m} \\ c_{u, \pi(m).v} &= \bar{m} * c_{u,v} \end{aligned} \qquad (u, v \in V_\pi; m \in C'(G)) ,$$

ce qui peut s'interpréter en disant que l'application linéaire

$$\sigma_v : u \longmapsto c_{u,v} \qquad (\text{resp. } \tau_u : v \longmapsto \bar{c}_{u,v})$$

de V_π dans $C(G) \cap L^\infty(G)$ commute à G, opérant sur $C(G) \cap L^\infty(G)$ par translations à droite (resp. gauche).

Il résulte de 4.2(6) que les coefficients de $\check{\pi}$ sont les complexes conjugués des coefficients de π.

5.13. Représentations de carré intégrable. Rappelons que dorénavant G est unimodulaire, sauf mention expresse du contraire. Dans ce n°, π est une représentation unitaire irréductible de G.

On dit que π est <u>de carré intégrable</u> (ou <u>discrète</u>, ou <u>appartient à la série discrète</u>) si ses coefficients $c_{\pi,u,v}$ $(u, v \in V_\pi)$ sont dans $L^2(G)$.

L'existence d'une représentation de carré intégrable dans ce sens implique que le centre C de G est compact. En effet on a, d'après le lemme de Schur $\pi(x.c) = \chi(c).\pi(x)$ $(x \in G; c \in C)$, où χ est un caractère unitaire, le caractère central de π, d'où

$$c_{\pi,u,v}(xc) = \chi(c).c_{\pi,u,v}(x) \qquad (x \in G;\ c \in C)$$

ce qui entraine que $|c_{\pi,u,v}|$ est constant sur les classes $x.C$, d'où

$$\text{(1)} \qquad \int_G |c_{\pi,u,v}|^2\, dx = \left(\int_{G/C} |c_{\pi,u,v}|^2\, dx^*\right).\left(\int_C dc\right)$$

(où dx^* et dc sont des mesures de Haar convenables); par suite $c_{\pi,u,v} \in L^2(G)$ entraine (si $c_{\pi,u,v} \neq 0$) que C est de mesure de Haar finie, donc est compact.

Cette limitation est artificielle et conduit à élargir la notion précédente. On dira que π est de <u>carré intégrable modulo le centre</u> si les fonctions $|c_{\pi,u,v}|$ $(u, v \in V_\pi)$ sont dans $L^2(G/C)$. Si C est compact, cette notation est équivalente à la précédente. Dans cette condition, on peut évidemment remplacer C par un sous-groupe fermé Z tel que C/Z soit compact.

Deux représentations unitaires irréductibles équivalentes sont simultanément de carré intégrable (modulo le centre) ou non. On note $RU_d(G)$ l'ensemble des classes d'équivalence de telles représentations.

<u>5.14</u>. Dans la suite, on fixe un sous-groupe fermé Z du centre C de G tel que C/Z soit compact, et une mesure de Haar dx^* sur G/Z. Soit χ un caractère unitaire de Z et soit $p \in [1, \infty)$. On note $H_{p,\chi}$ l'espace des fonctions mesurables f sur G telles que $f(g.z) = \chi(z).f(g)$ pour presque tous $g \in G$, $z \in Z$ et que $|f| \in L^p(G/Z)$. Il est clair que $H_{p,\chi}$ est stable par translations à gauche ou à droite. Evidemment, $H_{p,1} = L^p(G)$. Si $u, v \in H_{2,\chi}$, alors la fonction $u.\bar{v}$ est constante sur les classes $x.Z$, donc le produit scalaire de $L^2(G/Z)$ se transporte à $H_{2,\chi}$. Muni de ce produit scalaire, $H_{2,\chi}$ est un espace de Hilbert, et la représentation de G dans $H_{2,\chi}$ par translations à gauche ou à droite est unitaire. De même la norme L^p de $L^p(G/Z)$ se transporte à $H_{p,\chi}$ et en fait un espace de Banach, de norme invariante par translations à gauche ou à droite. Notons $K_\chi(G)$ l'espace des fonctions continues f satisfaisant à

(1) $$f(g.z) = \chi(z).f(g) \qquad (z \in Z;\ g \in G) \ ,$$

et qui sont à support compact mod Z (i.e. Supp f $\subset$ M.Z, pour un compact convenable M de G). Cet espace est dense dans $H_{p,\chi}$. En effet, il est tout d'abord clair que le sous-espace $H_{p,\chi,c}$ des éléments de H_χ représentés par une fonction nulle en dehors de l'image inverse d'un compact de G/Z est dense. Si maintenant $u \in H_{p,\chi,c}$ et $f \in K(G)$, alors $u * f$ est continue, satisfait à (1), Supp $(u * f) \subset$ Supp u. Supp f est compact mod Z, et l'on a $u * f \longrightarrow u$ si f parcourt une suite de Dirac de G (3.4).

5.15. THÉORÈME. Soit Z un sous-groupe fermé du centre C de G tel que C/Z soit compact. Soient (π, V) une représentation unitaire irréductible de G et χ la restriction à Z du caractère central de π.

(a) Les trois conditions suivantes sont équivalentes

(i) Il existe $u, v \in V - \{0\}$ tels que $c_{u,v} \in L^2(G/Z)$.

(ii) π est de carré intégrable modulo C.

(iii) π est isomorphe à une sous-représentation de $(\ell, H_{2,\chi})$.

Si ces conditions sont satisfaites, les coefficients de π appartiennent à $H_{2,\chi}$.

(b) Si π est de carré intégrable mod C, il existe un nombre réel $d_\pi > 0$ (le degré formel et π) tel que l'on ait

(1) $$\int_{G/Z} c_{u,v} \cdot \overline{c_{u',v'}}\, dx^* = d_\pi^{-1}(u, u')(v', v), \qquad (u, u', v, v' \in V) \ .$$

(i) $\Longrightarrow$ (ii), (iii). L'espace $H_{2,\chi}$ est stable par convolution à gauche ou à droite par C'(G), donc vu 5.12, les $w \in V$ pour lesquels $c_{w,v} \in H_{2,\chi}$ (resp. $c_{u,w} \in H_{2,\chi_2}$ forment un espace vectoriel P (resp. Q) dense, stable par $\pi(C'(G))$. Soit $A = \sigma_v$ l'application $w \longmapsto c_{w,v}$. C'est une application linéaire de P dans $H_{2,\chi}$. Elle est de graphe fermé: supposons que $w_j \longrightarrow w$ dans V et que $Aw_j \longrightarrow z$ dans $H_{2,\chi}$. Comme $w_j \longrightarrow w$ fortement, $Aw_j(x) = (\pi(x)w_j, v) \longrightarrow (\pi(x)w, v)$ en chaque point $x \in G$ (et même uniformément sur G), ce qui implique que $z(x) = (\pi(x)w, v)$ presque partout, et montre que $z = A.w$. D'autre part 5.12(1) implique que

$$A\pi(x).w = r(x^{-1}).Aw \qquad (w \in P)$$

par conséquent, (5.5), A se prolonge en une application continue fermée de V dans $H_{2,\chi}$ et définit un isomorphisme de π sur une sous-représentation de $(r, H_{2,\chi})$. En particulier $c_{w,v} \in H_{2,\chi}$ et $c_{w,v} = Aw$ pour tout $w \in V$. Soit $a \in V - \{0\}$. En raisonnant de même à partir de l'application $B : w \longmapsto \bar{c}_{a,w}$, on voit que $c_{a,w} \in H_{2,\chi}$ pour tout $w \in V$.

Comme (ii) $\Longrightarrow$ (i), il reste à prouver, pour terminer la démonstration de la première assertion, que (iii) $\Longrightarrow$ (i).

Identifions V à un sous-espace fermé stable de $H_{2,\chi}$ et soit V_c la projection hilbertienne de $K_\chi(G)$ dans V. Comme $K_\chi(G)$ est dense dans $H_{2,\chi}$ (5.14) l'espace V_c est dense dans V. Soient $u \in V - \{0\}$, $v \in V_c$ et $v' \in K_\chi(G)$ un élément dont la projection dans V est v. Alors

$$(\pi(x).u,\ v) = (\pi(x)u,\ v') \qquad (x \in G)\ .$$

Mais on a

$$(\pi(x)u,\ v') = \int_{G/Z} u(x^{-1}y)\bar{v}'(y)\,dy^* = \int_{G/Z} \bar{v}'(y)\check{u}(y^{-1}x)\,dy^* = \bar{v}' * \check{u}(x)$$

donc ([1], VIII, §4, n° 5, Prop. 12)

$$\|c_{u,v}\|_2 \leq \|v'\|_1 . \|\check{u}\|_2 = \|v'\|_1 . \|u\|_2\ ,$$

et en particulier $c_{u,v} \in H_{2,\chi}$. Cela démontre (a).

(b) Supposons π de carré intégrable modulo le centre. On a vu ci-dessus que $\sigma_v : u \longmapsto c_{u,v}$ est <u>continue</u>, et est un opérateur d'entrelacement de π et r $(v \in V)$. Par conséquent $\sigma_{v'}^* . \sigma_v \in R(\pi, \pi)$ $(v, v' \in V)$, et (lemme de Schur), $\sigma_{v'}^* . \sigma_v$ est une homothétie. Il existe donc une constante $a_{v,v'}$ telle que

(1) $\qquad (c_{u,v}, c_{u',v'}) = (\sigma_v(u), \sigma_{v'}(u')) = (\sigma_{v'}^*\sigma_v(u), u') = a_{v,v'}(u, u')$

$(u, u' \in V)$. Mais on a

$$(c_{u,v'} c_{u',v'}) = \int_{G/Z} (\pi(x)u, v)\ \overline{(\pi(x)u', v')}\,dx^* = \int_{G/Z} (u, \pi(x^{-1})v)\overline{(u', \pi(x^{-1})v')}\,dx^*$$

$$= \int_{G/Z} (u, \pi(x)v)\ \overline{(u', \pi(x)v')}\,dx^* = \int_{G/Z} \overline{(\pi(x)v, u)} . (\pi(x).v', u')\,dx^*$$

donc

$$(c_{u,v}, c_{u',v'}) = (c_{v',u'}, c_{v,u})$$

et, vu (1)

(2) $$(c_{u,v}, c_{u',v'}) = a_{u',u}(v', v)$$

d'où (b), avec $d_\pi^{-1} = a_{u',u}(u, u')^{-1}$ si $(u, u') \neq 0$.

Remarques. (1) Soit j l'anti-isomorphisme canonique de V_π sur son dual. On a, vu 4.2(6):

$$c_{\pi,u,v} = \bar{c}_{\check{\pi}, j(u), j(v)}$$

par conséquent π est de carré intégrable (modulo C) si et seulement si $\check{\pi}$ l'est, et l'on a $d_\pi = d_{\check{\pi}}$.

(2) Pour les représentations de carré intégrable, 5.15 est dû à R. Godement [6]. Sa démonstration, utilise les fonctions de type positif (voir aussi [4]). Originellement, 5.14 à 5.20 avaient été rédigés pour des représentations de carré intégrable, ou ayant des coefficients dans $L^p(G)$. On a suivi des suggestions de N. Bourbaki pour les étendre au cas plus général considéré ici.

5.16. PROPOSITION. *Soit* (π, V) *une représentation de* G, *de carré intégrable modulo le centre, et soit* A *un opérateur nucléaire sur* V. *Soit* Z *comme en* 5.15. *Alors*

(1) $$\int_{G/Z} (\pi(x).A.\pi(x^{-1})u, v)\, dx^* = d_\pi^{-1}.(u, v).\mathrm{tr}\, A, \qquad (u, v \in V).$$

Remarquons tout d'abord que l'on a

$$\pi(x.c).A.\pi(c^{-1}.x^{-1}) = \chi(c).\chi(c^{-1})\pi(x).A.\pi(x^{-1}) = \pi(x).A.\pi(x^{-1}), \qquad (c \in C)$$

ce qui montre que $\pi(x).A.\pi(x^{-1})$ est constant sur les classes $x.Z$ et donne un sens au membre de gauche de (1).

Il existe des systèmes orthonormaux (e_n), (f_n) de V et une suite λ_n de nombres réels telle que $\Sigma|\lambda_n|$ converge et que

(2) $$Aw = \Sigma_n \lambda_n (w, e_n) f_n \qquad (w \in V)$$

(3) $$\mathrm{tr}\, A = \Sigma_n \lambda_n (f_n, e_n)$$

(cf. 4.1). La relation (2) entraine, pour $u, v \in V$:

$$(\pi(x).A.\pi(x^{-1})u, v) = \Sigma_n \lambda_n (\pi(x^{-1})u, e_n).(\pi(x).f_n, v) =$$

$$= \Sigma_n \lambda_n \overline{(\pi(x)e_n, u)}.(\pi(x).f_n, v)$$

ce qui peut s'écrire:

$$(4) \qquad (\pi(x).A.\pi(x^{-1})u, v) = \Sigma_n \lambda_n \overline{c}_{e_n, u}(x).c_{f_n, v}(x) .$$

Chaque terme du membre de droite est constant sur les classes $g.Z$ ($g \in G$). Vu l'inégalité de Schwarz, 5.15 et $\|e_n\| = \|f_n\| = 1$, on a

$$|\int_{G/Z} \overline{c}_{e_n, u}(x).c_{f_n, v}(x)\, dx^*| \leqq \|\overline{c}_{e_n, u}\|.\|c_{f_n, v}\| = d_\pi^{-1}\|u\|.\|v\| ,$$

ce qui entraine que la série du deuxième membre de (4) converge dans $L^1(G/Z)$. On peut donc intégrer terme à terme, et 5.15 donne

$$\int_{G/Z} (\pi(x).A.\pi(x^{-1})u, v)\, dx^* = \Sigma_n \lambda_n d_\pi^{-1}(f_n, e_n).(u, v) ,$$

ce qui, vu (3), démontre la proposition.

5.18. PROPOSITION. Soient (π, V) une représentation unitaire de G. On suppose qu'il existe un caractère de Z tel que $\pi(z) = \chi(z).I$ pour $z \in Z$. Soient p un nombre réel $\geqq 1$ et $v \in V$ tels que les fonctions $c_{u,v}$ ($u \in V$) soient contenues dans $H_{p,\chi}$. Alors $\sigma_v : u \longmapsto c_{u,v}$ est une application continue de V dans $H_{p,\chi}$ et un opérateur d'entrelacement de (π, V) et $(r, H_{p,\chi})$.

Si $u_n \longrightarrow u$ fortement, alors $c_{u_n,v}$ converge vers $c_{u,v}$ en chaque point $x \in G$, uniformément sur G. Par conséquent, si $c_{u_n,v} \longrightarrow z$ dans $H_{p,\chi}$, on a $z = c_{u,v}$ presque partout, donc $z = \sigma_v(u)$, ce qui montre que σ_v est une application de graphe fermé. Elle est alors continue d'après le théorème du graphe fermé et un opérateur d'entrelacement vu 5.12(1).

5.19. PROPOSITION. Soient (π, V) et (π', W) deux représentations unitaires de G, et p, q. deux exposants conjugués. On suppose: (i) π est irréductible, et $\pi'(z) = \chi(z).I$, ($z \in Z$), où χ est le caractère central de π; (ii) les coefficients de π (resp. π') appartiennent à $H_{p,\chi}$ (resp. $H_{q,\chi}$); (iii) $R(\pi, \pi') = \{0\}$. Alors

(1) $$\int_{G/Z} \bar{c}_{\pi, a, b} \cdot c_{\pi', c, d} \, dx^* = 0 \;, \qquad (a, b \in V; c, d \in W) \;.$$

Il n'y a rien à démontrer si l'un des vecteurs a, b, c, d est nul. Supposons les donc $\neq 0$. Fixons b, d et posons

(1) $$J_v(w) = \int_{G/Z} \overline{(\pi(x).v, b)} \, (\pi'(x).w, d) \, dx^* \;.$$

L'inégalité de Hölder et le lemme précédent, appliqué à π et à π', entrainent l'existence d'une constante $C \geq 0$ telle que

(2) $$|J_v(w)| \leqq \|c_{\pi, v, b}\|_p \, \|c_{\pi', w, d}\|_q \leqq C. \|v\| \, \|w\| \;.$$

Cela montre tout d'abord que, pour v fixé, $w \longmapsto J_v(w)$ est une forme linéaire continue sur W. Il existe donc un unique élément $A.v \in W$ tel que

$$J_v(w) = (w, Av) \;.$$

Il est immédiat que $v \longmapsto A.v$ est une application linéaire de V dans W. De plus (2) entraine que si $v_n \longrightarrow v$ fortement, alors $Av_n \longrightarrow A.v$ faiblement donc A est de graphe fermé, et par conséquent continue. Nous avons à montrer que $A \equiv 0$. Pour cela, vu l'hypothèse, il suffit de faire voir que

(2) $$A.\pi(g).v = \pi'(g).A.v \;, \qquad (v \in V; g \in G) \;.$$

Or, on a

$$(w, A\pi(g)v) = \int_{G/Z} \overline{(\pi(x.g)v, b)} \, (\pi'(x).w, d) \, dx^* = \int_{G/Z} \overline{(\pi(y)v, b)} \,.\, (\pi'(y.g^{-1})w, d) \, dy^*$$

d'où

$$(w, A\pi(g)v) = (\pi'(g^{-1})w, Av) = (w, \pi'(g).A.v) \;.$$

<u>Remarques</u>. (1) Les coefficients d'une représentation étant toujours bornés, 5.19 montre que si les coefficients de π sont intégrables modulo le centre, ils sont orthogonaux (sur G/Z) aux coefficients de toute représentation unitaire π' de contenant pas π et satisfaisant à (i).

(2) Soit π unitaire irréductible; la condition "π a ses coefficients dans L^p", équivaut à la suivante: "l'application $f \longmapsto \pi(f)$ se prolonge en une

application continue de $L^1(G) \cap L^q(G)$ (q exposant conjugué de p), muni de la norme L^q, dans $L(V)$ (cf. Kunze-Stein, Amer. J. Math. 82 (1960), 1-62, Lemma 27).

5.20. COROLLAIRE. Soient π, π' deux représentations de G de carré intégrable modulo le centre, et dont les caractères centraux ont même restriction à Z. Si π et π' sont non équivalentes, alors

$$\int_{G/Z} c_{\pi,a,b}\bar{c}_{\pi',a',b'}\, dx^* = 0 \qquad (a, b \in V_\pi;\ a', b' \in V_{\pi'}) .$$

Cela résulte de 5.19, l'on fait $p = q = 2$. Remarquons que si π et π' sont de carré intégrable, alors on peut prendre $Z = \{e\}$, la condition sur les caractères centraux est satisfaite d'elle-même, et dans 5.15(1) et 5.20, on considère des produits scalaires sur G.

5.21. PROPOSITION. Soient (π, V) et (π', W) deux représentations unitaires de G, et p, q deux exposants conjugués. On suppose: (i) π est irréductible, $\pi'(z) = \chi(z).I$ $(z \in Z)$, où χ est le caractère central de π, et il existe un sous-groupe compact K de G tel que les sous-espaces isotypiques V_λ $(\lambda \in R_K)$ sont de dimension finie. (ii) Les coefficients de π' sont dans $H_{q,\chi}$. (iii) $R(\pi, \pi') = \{0\}$. Soient $a, b \in V$ tels que $c_{\pi,a,b} \in H_{p,\chi}$. Alors

(1) $$\int_{G/Z} \bar{c}_{\pi,a,b} \cdot c_{\pi',z,w}\, dx^* = 0 ,$$

quels que soient $z, w \in W$.

Il suffit de considérer le cas où a et b sont $\neq 0$. L'espace $H_{p,\chi}$ étant stable par convolution avec $C'(G)$, 5.12(1) montre que l'ensemble P des $v \in V$ tels que $c_{\pi,v,b} \in H_{p,\chi}$ est un sous-espace stable par $\pi(C'(G))$, donc dense, puisqu'il est non nul et que π est irréductible. Par conséquent $\pi(e_\lambda).P$ est dense dans V_λ, donc égal à V_λ, et $P \supset V_K = \Sigma V_\lambda$. Fixons $d \in W$. On considère comme dans 5.19

$$J_v(w) = (c_{\pi',w,d}, c_{\pi,v,b})_{G/Z} \qquad (v \in P;\ w \in W) .$$

C'est une forme linéaire sur W, qui est continue vu Hölder et 5.18, d'où l'existence d'un unique élément $Av \in W$, dépendant linéairement de $v \in P$, tel que

$$J_v(w) = (w,\ Av) \ .$$

On a

(2) $$\pi'(m).A.v = A.\pi(m).v \qquad (v \in P;\ m \in C'(G)) \ .$$

En effet, en utilisant Fubini, on obtient

$$\begin{aligned}(w,\ A\pi(m).v) &= \int_{G/Z} (\pi'(x)w,\ d)\Big(\int_G (\pi(xt)v,\ b)^{-}\ \overline{dm_t}\Big).dx^* \\ &= \int_G \overline{dm_t}\Big(\int_{G/Z} (\pi(yt^{-1})w,\ d)(\pi(y)v,\ b)^{-}\ dy^*\Big) \\ &= \int_{G/Z} (\pi(y)v,\ b)^{-}(\pi'(y)\pi'(\tilde{m})w,\ d).dy^*\end{aligned}$$

d'où, vu $\pi'(\tilde{m}) = \pi'(m)^*$:

$$(w,\ A\pi(m).v) = (\pi'(m)^* w,\ Av) = (w,\ \pi'(m).A.v) \ .$$

Soient F une partie finie de R_K, $V_F = \Sigma_{\lambda\in F} V_\lambda$ et A_F la restriction de A à V_F (rappelons que $V_K \subset P$). Alors A_F est une application continue.

Soit $C'_K(G)$ l'ensemble des éléments K-finis (à droite et à gauche) de $C'(G)$. C'est une sous-algèbre de $C'(G)$. Evidemment, V_K est stable par $\pi(C'_K(G))$ et il résulte de (2) que $A : V_K \longrightarrow W$ est un homomorphisme de $C'_K(G)$-modules.

L'ensemble des éléments de $C'_K(G)$ qui laissent V_F stable est invariant par $m \longmapsto \tilde{m}$; par suite (2) entraine que $A_F^*.A_F$ commute aux éléments de $C'_K(G)$ laissant V_F stable, donc commute à

$$C'(G)_{FF} = \Sigma_{\lambda,\mu\in F}\ e_\lambda * C'(G) * e_\mu \ .$$

Mais (3.7), $\pi(C'(G)_{FF}) = L(A_F)$, donc

$$A_F^*.A_F = c_F.\mathrm{Id} \qquad (c_F \in \mathbb{C}) \ .$$

Il est clair que $c_F = c_{F'}$ si $V_F \cap V_{F'} \neq 0$, d'où l'existence de $c \in \mathbb{C} - \{0\}$ tel que

$$(Ax, Ay) = c(x, y) \qquad\qquad (x, y \in V_K)$$

A est donc une application linéaire <u>bornée</u> de V_K dans W, et $c^{-1}A$ se prolonge par continuité en une isométrie B de V sur un sous-espace fermé de W, qui, vu (2) pour $v \in V_K$ et $m \in C'_K(G)$, est aussi, par continuité, un homomorphisme de $C'_K(G)$-modules. Si $x \in G$ et $\lambda, \mu \in R_K$ on a

$$e_\lambda, e_\mu, e_\lambda * \varepsilon_x * e_\mu \in C'_K(G) ,$$

d'où

$$\pi'(e_\lambda)(B.\pi(x) - \pi'(x).B).\pi(e_\mu) = 0 .$$

Vu 3.6, il s'ensuit que $B.\pi(x) = \pi'(x).B$, quel que soit $x \in G$, donc $B = 0$.

<u>Remarque</u>. Pour $p = 1$, (et lorsque $Z = \{e\}$) cette démonstration provient d'un séminaire de R. P. Langlands.

<u>5.22.</u> Nous discutons maintenant une décomposition de la partie discrète de $L^2(G)$ en sous-espaces analogues aux M_π du §2.

(a) Soit π une représentation de carré intégrable et soit M_π le plus petit sous-espace fermé de $L^2(G)$ contenant les coefficients de π. Il est invariant à gauche et à droite par G, vu 5.12. C'est aussi d'adhérence du sous-espace engendré par une orbite de $G \times G$ dans $L^2(G)$. On a $M_\pi = M_{\pi'}$ si π et π' sont équivalentes, et, vu les relations d'orthogonalité, $M_\pi \perp M_{\pi'}$ sinon. L'espace M_π ne dépend que de la classe $[\pi]$ de π.

Le représentation de $G \times G$ dans M_π est irréductible, et en fait isomorphe à la représentation σ de $G \times G$ dans l'espace $C_2(V_\pi)$ des opérateurs de H.-S. de V_π construite en 5.10. En effet, l'application $u \otimes v \longmapsto c_{\pi,u,v}$ est équivariante vu 5.10, 5.12, un multiple d'une isométrie vu 5.10(1) et 5.15 et se prolonge donc en un opérateur d'entrelacement de $(\sigma, C_2(V_\pi))$ sur une sous-représentation de $(\ell \times r, M_\pi)$, dont l'espace contient les $c_{\pi,u,v}$, donc est égal à M_π.

La restriction de ℓ (resp. r) à M_π est donc isomorphe à $(\dim V_\pi).\check{\pi}$ (resp. $(\dim V_\pi).\pi$.

Soit (u_i) une base orthonormale de V_π. Alors les vecteurs $f_{ij} = (d_\pi)^{1/2} c_{\pi,u_i,u_j}$ forment une base orthonormale de M_π, vu les relations d'orthogonalité.

(b) Notons $L^2(G)_d$ le plus petit sous-espace fermé de $L^2(G)$ contenant les M_π. Il est biinvariant, stable par $f \longmapsto \bar{f}$ et $f \longmapsto \check{f}$. Vu ce qui précède la restriction de ℓ à cet espace admet une décomposition discrète dans laquelle chaque classe intervient un nombre de fois égal à la dimension de l'espace de représentation d'un de ses éléments. De plus, $L^2(G)_d$ contient tout sous espace fermé irréductible invariant à gauche ou à droite de $L^2(G)$. Plus précisément soit V un sous-espace fermé invariant irréductible de $L^2(G)$ invariant par translations à gauche (resp. à droite) et soit π la restriction de ℓ (resp. r) à V. Alors $V \subset M_{\check{\pi}}$ (resp. $V \subset M_\pi$). Démonstration: Supposons V invariant à gauche et soient $u, v \in V$. Alors

$$\int_G |c_{u,v}(x)|^2 \, dx = \int_G dx \left(\left| \int_G |u(x^{-1}.y).\bar{v}(y) \, dy \right|^2 \right)$$

d'où, utilisant Fubini

$$\int_G |c_{u,v}(x)|^2 \, dx \leqq \int_G dy \, |v(y)|^2 . \left(\int_G |u(x^{-1}.y)|^2 \, dx \leqq \|v\|^2 . \|u\|^2 \right.$$

donc $c_{u,v} \in L^2(G)$ et π est de carré intégrable. Soit E la projection orthogonale de $L^2(G)$ sur V et soit $g \in K(G)$. On a

$$c_{Eg,f}(x) = (\pi(x)Eg, f) = (E\pi(x)g, f) = (\pi(x)g, f) ,$$

$$c_{Eg,f}(x) = \int_G g(x^{-1}.y).\bar{f}(y) = (\bar{f} * \check{g})(x)$$

donc

$$\bar{c}_{Eg,f} = f * \tilde{g} \qquad (f \in V;\ g \in K(G))$$

et en particulier $f * \tilde{g} \in \overline{M_\pi} = M_{\check{\pi}}$. Si maintenant $\tilde{g}$ parcourt une suite de Dirac (3.4), alors $f * \tilde{g} \longrightarrow f$, d'où $f \in M_{\check{\pi}}$. On raisonne de même si V est invariant à droite (ou l'on se ramène au cas précédent en considérant l'espace des $\check{f}$, où f parcourt V).

5.23. PROPOSITION. Soit π une représentation de carré intégrable de G et soit $f \in L^1(G) \cap L^2(G)$. Alors $\pi(f)$ est de H.-S. et l'on a

$$\|\pi(f)\|_2 = \bar{d}_\pi^{1/2} \, \|E_\pi \bar{f}\|_2$$

où E_π désigne la projection de $L^2(G)$ sur M_π (cf. 5.22).

Soient $u, v \in V_\pi$ et $f \in L^1(G) \cap L^2(G)$. Alors

(1) $$(c_{\pi,u,v}, f) = \int (\pi(x)u, v)\, \overline{f}(x)\, dx = (\pi(\overline{f})u, v) .$$

Soit (e_i) une base orthonormale de V_π. Alors (5.22), les vecteurs

$$f_{ij} = d_\pi^{1/2}\, c_{\pi, e_i, e_j}$$

forment une base orthonormale de M_π. On a donc, vu (1),

$$\|E_\pi \overline{f}\|^2 = \Sigma\, |(f_{ij}, \overline{f})|^2 = d_\pi\, \Sigma_{i,j}\, |(c_{\pi, e_i, e_j}, \overline{f})|^2 =$$
$$= d_\pi\, \Sigma_{i,j}\, |(\pi(f)e_i, e_j)|^2 = d_\pi\, \Sigma_i\, \|\pi(f).e_i\|^2 = d_\pi\, \|\pi(f)\|_2^2 .$$

5.24. Soit G de Lie et soit (π, W) une représentation unitaire de G. π induit une représentation de $U(\underline{g})$ dans le sous-espace dense W^∞ des vecteurs différentiables (3.8). Si $X \in \underline{g}$, et $a, b \in W^\infty$, on déduit de

$$(\pi(e^{tX}).a, b) = (a, \pi(e^{tX})^*.b) = (a, \pi(e^{-tX}).b)$$

que le domaine de définition de l'adjoint de $\pi(X)$ contient W^∞, et que l'on a

(1) $$\pi(X)^*.w = \pi(-X).w \qquad (X \in \underline{g};\ w \in W^\infty) .$$

Soit $\sim$ l'application de $U(\underline{g})$ obtenue en composant $\vee$ avec la conjugaison de $U(\underline{g})$ par rapport à l'algèbre universelle $U_{\mathbb{R}}(\underline{g})$ (qui s'identifie à une forme réelle de $U(\underline{g})$. On a

(2) $$(c.D)^\sim = \overline{c}\widetilde{D}, \quad (D + D')^\sim = \widetilde{D} + \widetilde{D}', \qquad (D.D')^\sim = \widetilde{D}'.\widetilde{D}, \quad \widetilde{\widetilde{D}} = D .$$

Comme π est une représentation, (1) et (2) entrainent

(3) $$\pi(D)^*.w = \pi(\widetilde{D}).w , \qquad (D \in U(\underline{g}),\ w \in W^\infty) .$$

En particulier $\pi(D)^*$ a un domaine de définition dense, donc $\pi(D)$ admet une extension fermée et $\pi(D).\pi(\widetilde{D})$ est auto-adjoint.

5.25. LEMME. <u>Supposons</u> G <u>de Lie connexe</u>. <u>Soit</u> π <u>une représentation unitaire primaire</u> (5.6) <u>de</u> G <u>dans</u> W. <u>Alors</u> $\pi(z)$ $(z \in Z(\underline{g}))$ <u>est une homothétie</u>. <u>Si</u> G <u>est réductif, connexe,</u> π <u>est quasi-simple</u> (3.20).

L'opérateur $\pi(\tilde{z}).\pi(z) = T$ est défini sur W^{∞}, auto-adjoint (5.24), et commute à $\pi(G)_{|W^{\infty}}$. Les projecteurs de la résolution spectrale de W associée à T appartiennent alors au centre de $R(\pi, \pi)$, donc sont égaux à 0 ou Id, et T est une homothétie. En considérant la décomposition polaire de l'extension fermée minimale de $\pi(z)$, on voit que $\pi(z)$ est borné, et fait par suite partie du centre de l'algèbre d'opérateurs engendrée par $\pi(G)$, donc est une homothétie. Par ailleurs, si g est dans le centre de G, alors $\pi(g)$ est une homothétie (5.6), d'où la deuxième assertion.

5.26. PROPOSITION. Supposons G de Lie réductif connexe. Soit K comme en 5.23. Soit π une représentation unitaire permise de G dans V et soit $v \in V^{\infty}$ un élément K-fini et Z-fini. Alors le plus petit sous-espace fermé W stable par G contenant v est somme directe d'un nombre fini de sous-G-modules fermés irréductibles.

D'après 3.17, W est l'adhérence de $\pi(U(\underline{g})).v$ et W_{λ} est de dimension finie pour tout $\lambda \in R_K$. Par hypothèse, il existe une partie finie F de R_K telle que $v \in W_F$. Soient P un sous-espace fermé stable de W et Q son complément orthogonal dans W. Alors $W_F = P_F \oplus Q_F$; si $P_F = \{0\}$, alors $Q_F = W_F$ contient v, donc $Q = W$ et $P = \{0\}$.

Soit alors $(P_i)_{i \in I}$ une famille de sous-espaces fermés stables par G, dont W est la somme directe hilbertienne. W_F est la somme directe des P_{iF} et on a vu que $P_{iF} = \{0\}$ entraine $P_i = \{0\}$. On a donc $\mathrm{Card}\, I \leqq \dim W_F$, d'où la proposition.

5.27. THÉORÈME. ([11; §3], [12]) Supposons G de Lie connexe réductif. Soient π une représentation unitaire irréductible de G dans V, et K un sous-groupe analytique dont l'algèbre de Lie est une sous-algèbre compacte maximale de $D\underline{g}$.

(i) G est de type I.

(ii) Il existe $N \geqq 0$ tel que $\dim V_{\lambda} \leqq N.d(\lambda)^2 \qquad (\lambda \in R_K)$.

(iii) π possède un caractère distribution.

(iv) Si $f \in L^2(G)$ est à support compact, $\pi(f)$ est de Hilbert-Schmidt.

(i) Soit (π', W) une représentation unitaire primaire de G. Elle est quasi-simple (5.22). En particulier, la somme des W_{λ} est dense dans W (3.8, 3.16), et on peut trouver un élément $w \neq 0$, différentiable et K-fini. Il est Z-fini puisque $Z(\underline{g})$ est représenté par des homothéties. Soit P le plus petit sous-G-module fermé de W contenant w. D'après 3.17, il existe un élément maximal Q parmi les sous-G-modules fermés propres de P. Alors le complément orthogonal de Q dans P est un sous-G-module fermé irréductible non trivial.

(ii) résulte de 5.22 et 3.23, et (iii), (iv) de 5.22 et 4.3.

5.28. COROLLAIRE. [15, lemma 77] Supposons K compact. Soit f une fonction de carré intégrable sur G, qui soit K-finie à gauche (resp. droite) et Z-finie, en tant que distribution. Soit W le plus petit sous-espace fermé de $L^2(G)$ invariant à gauche (resp. droite) par G et contenant f. Alors W est somme directe d'un nombre fini de sous-G-modules fermés irréductibles.

Notons σ la représentation régulière gauche (resp. droite) de G dans $L^2(G)$. La fonction f est analytique (3.14). D'autre part, K étant compact, σ est permise (5.22), donc (3.21), f est un vecteur différentiable dans $L^2(G)$ pour σ qui est évidemment K-fini et Z-fini. On applique 5.24 à σ.

5.29. THÉORÈME. Supposons G de Lie réductif connexe.

(a) [10, Thm. 8] Deux représentations unitaires irréductibles infinitésimalement équivalentes de G sont équivalentes.

(b) Soit K comme en 5.23. Soient $\lambda \in R_K$ et χ un caractère de $Z(\underline{g})$. Les représentations unitaires irréductibles de G de caractère infinitésimal χ et dont la restriction à K contient une représentation de type λ forment un nombre fini de classes d'équivalence.

(a) Ces représentations sont quasi-simples (5.22), ont même caractère distribution (4.7), donc sont équivalentes (5.11).

(b) résulte de (a) et du fait que les représentations en question forment un nombre fini de classes d'équivalence infinitésimale (3.25).

II. LA SÉRIE DISCRÈTE (RÉSULTATS; BOUTS DE DÉMONSTRATIONS)

Dans ce chapitre G est un groupe de Lie réductif connexe.

Introduction

Le reste de ces Notes est une introduction à la série discrète et est en grande partie réeligé d'après séminaire de Harish-Chandra donné à l'Institute for Advanced Study en 1965-66. Après quelques préliminaires techniques au §6, dont le lecteur doit retenir avant tout les formules d'intégration de 6.4, on discute au §7 le cas des groupes de Lie compacts, par une méthode qui se transpose dans son principe au cas non compact (mais après avoir surmonté des difficultés considérables). On montre au §9 comment cette transposition s'effectue, après avoir rassemblé au §8 un certain nombre de résultats, d'apparence plus technique, admis sans démonstration. C'est donc en définitive la preuve de ces derniers qui est le point essentiel. En fait, ils sont de portée plus générale et sont à la base de l'analyse harmonique sur les groupes réductifs, en particulier de l'étude de la décomposition spectrale de $L^2(G)$ et de la mesure de Plancherel. On renvoie à [16, 16a] pour une esquisse de la théorie générale. Voir aussi [21] pour une vue d'ensemble des matières des §§8, 9.

§6. Groupes acceptables. Formule d'intégration

6.1. Par définition, un sous-groupe de Cartan A de G est le centralisateur d'une sous-algèbre de Cartan de $\underline{g}$. [Les sous-groupes ainsi obtenus sont aussi les sous-groupes de Cartan au sens de Chevalley: sous-groupes nilpotents maximaux, dont tout sous-groupe d'indice fini est d'indice fini dans son normalisateur.] Si G est d'indice fini dans l'ensemble des points réels d'un groupe algébrique sur $\mathbf{R}$, alors A est commutatif, formé d'un nombre fini de composantes connexes, mais aucune de ces deux propriétés ne subsiste dans le cas général. Toutefois, si A^o est compact, alors $A = A^o$, et A est commutatif. On le voit en utilisant le fait que l'image réciproque, dans le revêtement universel de Ad $D\underline{g}$, d'un sous-groupe de Cartan compact de Ad $D\underline{g}$ est connexe. Si $f : G \longrightarrow G'$ est un homomorphisme surjectif, de noyau discret, alors les sous-groupes de Cartan de G (resp. G') sont les images réciproques (resp. images) des sous-groupes de Cartan de G' (resp. G).

Un élément $x \in G$ est <u>régulier</u> si le nilespace de $\mathrm{Ad}x-1$ est de dimension minimum, et est <u>semi-simple</u> si $\mathrm{Ad}x$ l'est. Un élément régulier fait partie d'un et d'un seul sous-groupe de Cartan.

6.2. Le quotient G_o de G par le centre de DG est le produit direct de son centre connexe par $\mathrm{Ad}\,\underline{g}$. Si π est la projection de G sur G_o, on a $W(G, A) = N(A)/A = N(\pi(A))/\pi(A)$, donc le groupe $N(A)/A$ s'identifie canoniquement à un sous-groupe du groupe de Weyl $W(\underline{g}_{\mathbb{C}}, \underline{a}_{\mathbb{C}})$. On le notera aussi W_A. De plus, deux éléments réguliers de A sont conjugués dans G si et seulement ils sont conjugués par W_A.

Soient G' l'ensemble des éléments réguliers de G et $A' = G \cap A$. Le groupe W_A opère librement sur G/A par translations à droite, et sur A, A' de la manière évidente. L'application $\varphi_A : (x, a) \longmapsto {}^x a$ induit un homéomorphisme de

$$((G/A) \times A')/W_A = G/A \times^{W_A} A'$$

sur l'ensemble ${}^G A'$ des conjugués de A' dans G, qui est un ouvert de G. En particulier $G/A \times A'$ est un revêtement galoisien, d'ordre $|W_A| = \mathrm{Card}\, W_A$, de ${}^G A'$.

6.3. Soit G_c une groupe complexe connexe d'algèbre de Lie $\underline{g}_{\mathbb{C}}$. On dit que G_c <u>est une complexification de</u> G si l'inclusion $\underline{g} \longrightarrow \underline{g}_{\mathbb{C}}$ est tangente à un homomorphisme de groupes de Lie réels. Dans ce cas, une sous-groupe de Cartan A de G s'envoie dans une complexification A_c de A, qui est connexe, commutative. Soit b une forme linéaire complexe sur $\underline{a}$, donc sur $\underline{a}_{\mathbb{C}}$. Si b est la différentielle d'un caractère de A_c, alors b définit un caractère de A, qui est indépendant de la complexification. En particulier, les racines de $\underline{g}_{\mathbb{C}}$ par rapport à $\underline{a}_{\mathbb{C}}$ définissent toujours des caractères de A. On dira que G est <u>acceptable</u> si la demi-somme des racines positives, pour un ordre donné, définit de cette manière un caractère de A. Comme les demi-sommes de racines positives pour deux ordres diffèrent par une combinaison linéaire à coefficients entiers de racines, cette condition est indépendante de l'ordre. Par conjugaison des sous-algèbres de Cartan de G_c, elle est aussi indépendante de A.

G admet une complexification si (et seulement si) DG est fermé dans G, en particulier si DG a un centre fini. Pour que G soit acceptable, il suffit que l'on puisse supposer que DG_c est simplement connexe et est facteur dans G_c. Si G a une complexification, alors G admet un revêtement fini acceptable.

6.4. Supposons G acceptable. Soit A un sous-groupe de Cartan. Soient P l'ensemble des racines positives de $\underline{g}_{\mathbb{C}}$ par rapport à $\underline{a}_{\mathbb{C}}$, pour un ordre donné et ρ la demi-somme des éléments de P. Soit

(1) $$\Delta_A(t) = t^{\rho}\prod_{a\in P}(1 - t^{-a}) = \Sigma_w\ \varepsilon(w)\ t^{w(\rho)}$$

$(W = W(\underline{g}_{\mathbb{C}}, \underline{a}_{\mathbb{C}})$, $\varepsilon(w)$ = signe de det w). Soient dx, da des mesures de Haar sur G, A et dx^* la mesure quotient sur G/A. On a la formule

(2) $$\int_{G_A} f.dx = |W_A|^{-1}\int_{A'} dt|\Delta_A(t)|^2\int_{G/A} f({}^x t)\,dx^*, \qquad (f\in L^1(G)),$$

d'où aussi, si u est une fonction centrale telle que f.u soit intégrable

(3) $$\int_{G_A} f.u.dx = |W_A|^{-1}\int_{A'} dt|\Delta_A(t)|^2 u(t)\int_{G/A} f({}^x t)\,dx^*.$$

Soit $\{A_1, \ldots, A_r\}$ un système de représentants des classes de conjugaison de sous-groupes de Cartan de G. L'ensemble G' des éléments réguliers de G est un ouvert, dont le complémentaire est de mesure nulle, et est réunion des ouverts disjoints $G_i = \mathrm{Int}\ G(A_i')$. Par suite l'intégrale d'une fonction sur G est la somme de ses intégrales sur les G_i et (3) donne

(4) $$\int_G f.u.dx = \Sigma_i\ |W_{A_i}|^{-1}\int_{A'} dt.u(t)|\Delta_{A_i}(t)|^2\int_{G/A_i} f({}^x t)\,dx^*,$$

où f, u sont mesurables, u est centrale, f et f.u intégrables.

6.5. Enfin, insérons ici une remarque quelquefois utile. Soit f une fonction continue sur A', anti-invariante par rapport à W_A. Pour que $f \equiv 0$ il faut et il suffit que

(1) $$\int dt\ f(t)\Delta_A(t)\int_{G/A} u({}^x t)\,dx^* = 0 \text{ quel que soit } u\in D({}^G A').$$

Pour $u \in D({}^G A')$, posons $m_u(t) = \int u({}^x t)\,dx^*$ $(t\in A')$. Il résulte immédiatement de 6.2 que $u \longmapsto m_u$ applique $D({}^G A')$ sur l'ensemble des éléments de D(A') invariants par W_A. Comme $f(t).\Delta_A(t)$ est invariante par W_T, on voit que (1) signifie que la distribution définie par $f.\Delta_A$ sur A'/W_A est nulle, d'où notre assertion.

Posons, en anticipant sur le §7,

$$F_u^{(A)} = \pm |W_A|^{-1} \Delta_A(t) \int_{G/A} u({}^x t)\, dx^* \qquad (t \in A')$$

avec un signe qui sera précisé. Alors (1) équivaut à

$$(2) \qquad \int f(t) . F_u^{(A)}(t)\, dt = 0 \qquad (u \in D({}^G A')) \ .$$

§7. Groupes compacts

A titre heuristique, et suivant Harish-Chandra dans un de ses séminaires, on prouve ici la formule de Plancherel 2.4(1), et on détermine les caractères irréductibles des groupes compacts par une méthode qui sert plus ou moins de modèle pour le cas non-compact (mais qui, lui, nécessite quelques centaines de pages).

7.1. Dans ce paragraphe, G est compact, simplement connexe, T est un tore maximal de G, dx, dt sont des mesures de Haar de volume un sur G et T. On fixe un ordre sur l'ensemble des racines de G par rapport à T et on note P l'ensemble des racines positives. Soient W le groupe de Weyl, $|W|$ son ordre, et $\varepsilon(w)$ le signe du déterminant de $w \in W$. Soit

(1) $$\Delta(t) = \prod_{a \in P} (t^{a/2} - t^{-a/2}) = \Sigma_{w \in W}\, \varepsilon(w)\, t^{w(r)} ,$$

où r est la demi-somme des racines positives. Pour $b \in \underline{t}^*$, on note H_b l'élément de $\underline{t}$ vérifiant $a(H_b) = (a, b)$ $(a \in \underline{t}^*$, ( ) = restriction de la forme de Killing). Soit $\tilde{\omega} = \prod_{a \in P} H_a$ (dans $U(\underline{g})$). On écrira $\tilde{\omega} f$ pour $f * \check{\tilde{\omega}}$. Si f est une fonction mesurable sur G et u est une fonction mesurable centrale, alors (6.4)

(2) $$\int f.u\, dx = |W|^{-1} \int u(t)\, |\Delta(t)|^2\, dt \int_{G/T} f({}^x t)\, dx^*$$

où dx^* est la mesure quotient dx/dt.

Definissons une fonction F_f sur l'ensemble T' des éléments réguliers de T par

(3) $$F_f(t) = |W|^{-1} \Delta(t) \int_{G/T} f({}^x t)\, dx^* .$$

Alors, en tenant compte de

(4) $$\overline{\Delta} = (-1)^m \Delta, \qquad (m = \mathrm{Card}\, P)$$

on voit que (2) s'écrit

(5) $$\int f.u\, dx = (-1)^m \int_{T'} \Delta(t).\, F_f(t).\, u(t)\, dt .$$

Notons en passant que

(6) $$F_f(w(t)) = \varepsilon(w).F_f(t) \qquad (w \in W_T)$$

car Δ est anti-invariante, tandis que l'intégrale sur Int G(t) est évidemment invariante par W.

On s'est borné à définir F_f sur T' par analogie avec le cas non-compact mais il est clair dans le cas présent que si $f \in D(G)$, (resp. $f \in C(G)$), alors F_f est la restriction à T' d'une fonction C^∞ (resp. continue) sur T. En effet, soit

(7) $$f^o(x) = \int_G f({}^y x)\, dy \quad .$$

C'est une fonction C^∞, (resp. continue) si f l'est, et l'on a en particulier

(8) $$(z * f)^o = z * f^o \, , \qquad (z \in Z(\underline{g});\ f \in D(G)) \quad .$$

On a

(9) $$F_f(t) = |W|^{-1}.\Delta(t).f^o(t) \qquad (t \in T')$$

donc F_f, prolongée par 0 sur T - T' est continue, (resp. C^∞), si f l'est.

7.2. Montrons que l'on a

(1) $$(\widetilde{\omega}F_f)(e) = c.f(e) \qquad (f \in D(G))$$

avec

(2) $$c = |W|^{-1}.\widetilde{\omega}\Delta(e) = \prod_{a \in P}(a,\ r) = \widetilde{\omega}(r) \neq 0 \quad ,$$

où $\widetilde{\omega}(r)$ désigne la valeur en r de $\widetilde{\omega}$, vu comme polynome sur $\underline{t}^*$.

Dém. : Chaque facteur de Δ est nul en e, donc la dérivée de Δ par un produit partiel strict des H_a est nulle en e, et

(3) $$\widetilde{\omega}F_f(e) = \widetilde{\omega}\Delta(e).|W|^{-1}.f^o(e) = \widetilde{\omega}\Delta(e).f(e).|W|^{-1} \quad .$$

D'autre part, on a

(4) $$t^b * H_{-a} = (a,\ b).t^b \qquad (a,\ b \in \underline{t}^*_{\mathbb{C}};\ t \in T)$$

et l'on sait que

(5) $$\varepsilon(w) = (-1)^{q(w)}$$

où q(w) est le nombre de racines positives transformées en racines négatives par w. Par suite

(6) $$(\tilde{\omega}\Delta)(t) = \tilde{\omega}(r).\Sigma_{w\in W} t^{w(r)} ,$$

d'où (2).

7.3. La fonction F_f $(f \in D(G))$ est C^∞ sur T, donc somme de sa série de Fourier; en particulier

(1) $$(\tilde{\omega}F_f(e) = \Sigma_{b\in X(T)} \int \tilde{\omega}F_f(t).t^b\, dt .$$

Mais l'adjoint de H_a (comme opérateur différentiel) est H_{-a}, donc l'adjoint de $\tilde{\omega}$ est $(-1)^m\tilde{\omega}$, d'où

(2) $$\int \tilde{\omega}F_f(t).t^b\, dt = (-1)^m \int F_f(t)\tilde{\omega}t^b\, dt = \tilde{\omega}(b)(-1)^m \int F_f(t)\, t^b\, dt$$

où

(3) $$\tilde{\omega}(b) = \prod_{a\in P} (a,\ b) .$$

Posons alors

$$\theta_b(f) = (-1)^m \int F_f(t).t^b\, dt .$$

L'application $f \longmapsto \theta_b(f)$ est une distribution. 7.2(1) peut maintenant s'écrire

(4) $$c.f(e) = \Sigma_b\ \tilde{\omega}(b).\theta_b(f) .$$

Il est clair qu'il suffit de sommer sur les b réguliers i.e. qui n'annulent pas $\tilde{\omega}$. D'autre part il est immédiat que $\theta_{wb}(b) = \varepsilon(w)\ \theta_b(f)\ (w \in W)$, donc $\tilde{\omega}(b)\theta_b(f)$, vu comme fonction de b, est invariant par W. On a alors

(5) $$f(e) = |W|^{-1}.\Sigma'_b \frac{\tilde{\omega}(b)}{\tilde{\omega}(r)}\ \theta_b(f)$$

la somme étant étendue aux <u>poids dominants réguliers</u>. Pour faire le lien avec 2.4(2) il reste à s'assurer que $\theta_b(f).|W|$ est bien la distribution associée au caractère de la représentation irréductible de poids b - r. On sait que le facteur numérique est bien le degré de cette représentation, et du reste la comparaison de (5) et 2.4(2) le montrera également.

7.4. Soient $z \in Z(\underline{g})$ et $f \in D(G)$. Vu 7.1 (formules (7) à (9)) et 1.9(a), on a

$$F_{z.f}(t) = \Delta(t).|W|^{-1} z * f^o(t) = |W|^{-1}\gamma(z)(\Delta.f^o)(t) \quad ,$$

(cf. 1.2 pour γ), donc

$$(1) \qquad F_{z*f} = \gamma(z) * F_f \,, \qquad (f \in D(G)) \quad .$$

On veut en déduire que la distribution θ_b est une fonction propre de $Z(\underline{g})$, de poids χ_b (notation de 1.2). On a

$$z.\theta_b(f) = \theta_b(\check{z}.f) = (-1)^m \int F_{\check{z}f}.t^b.dt \quad ,$$

donc, vu (1)

$$z.\theta_b(f) = (-1)^m \int \gamma(\check{z}).F_f(t).t^b.dt \quad .$$

Mais l'adjoint de $\gamma(\check{z})$, comme opérateur différentiel, est $\gamma(z)$, donc compte tenu de la déf. de χ_b:

$$z.\theta_b(f) = (-1)^m \int F_f(t).\gamma(z).t^b \, dt = (-1)^m \chi_b(z) \int F_f(t).t^b \, dt$$

$$(2) \qquad z.\theta_b(f) = \chi_b(z).\theta_b(f) \qquad (z \in Z(\underline{g}))$$

$Z(\underline{g})$ contient des opérateurs elliptiques (un opérateur de Casimir par exemple) donc (2) entraine que θ_b "est" une fonction analytique, que l'on notera aussi θ_b. D'autre part, on a $({}^x f)^o = f^o$, donc $\theta_b({}^x f) = \theta_b(f)$ et θ_b est une fonction centrale. Par conséquent

$$(3) \qquad \theta_b(f) = \int \theta_b \, f.dx = (-1)^m \int \theta_b(t)\Delta(t) \, F_f(t) \, dt \quad .$$

D'autre part, comme F_f est anti-invariant on a aussi

$$(4) \qquad |W|.\theta_b(f) = (-1)^m \int F_f(t) \, (\Sigma_w \, \varepsilon(w) \, t^{w(b)}) \, dt \quad .$$

La comparaison de (3) et (4), et 6.5 entrainent alors

$$|W|\theta_b(t).\Delta(t) = \Sigma_w \varepsilon(w).t^{w(b)}, \qquad (t \in T'),$$

ce qui établit la relation cherchée.

§8. Les ingrédients

Ce paragraphe liste un certain nombre de définitions et de théorèmes qui permettent de transposer aux groupes non-compacts les raisonnements précédents.

8.1. Distributions centrales. Une distribution sur G est centrale si elle est invariante par Int G On a les résultats suivants (entre autres):

(1) Soit S une distribution centrale Z-finie. Alors S est une fonction localement sommable, analytique sur l'ensemble G' des éléments réguliers de G.

(2) Supposons G acceptable. Soit A un sous-groupe de Cartan et soit $A'_{\mathbb{R}}$ l'ensemble des éléments de A n'annulant aucune racine "réelle" de G par rapport à A (i.e. dont la différentielle prend des valeurs réelles sur $\underline{a}$). Soit S une distribution centrale, fonction propre de $Z(\underline{g})$. Alors $\Delta_A.S$ se prolonge en une fonction analytique sur $A'_{\mathbb{R}}$.

(3) Supposons G acceptable, de centre compact. Soient T un sous-groupe de Cartan compact de G, $W_T = W(G, T)$ et fixons un ordre sur les racines de $\underline{g}$ par rapport à $\underline{t}$. Étant donné un caractère régulier b de T, il existe une et une seule distribution centrale θ_b ayant les propriétés suivantes:

(i) $z.\theta_b = \chi_b(z).\theta_b$ $\qquad (z \in Z(\underline{g}))$

(ii) $\theta_b(t)\Delta_T(t) = \Sigma_{w \in W_T} \varepsilon(w) t^{w(b)}$ $\qquad (t \in T')$

(iii) $\sup_{x \in G'} |D(x)|^{1/2} |\theta_b(x)| < \infty$,

où D(x) est le coefficient de t^{ℓ} (ℓ = rang G) dans det(t+1-Ad x) [14].

Remarquons que (i) entraine, vu (1), que θ_b est une fonction analytique sur G', ce qui donne un sens à (ii), (iii).

8.2. L'espace S(G). On suppose ici que DG a un centre fini. Soit K un sous-groupe compact maximal de G. On a les décompositions de Cartan $\underline{g} = \underline{k} + \underline{p}$ et G = K.P (P = exp $\underline{p}$), où $\underline{p}$ est le sous-espace propre de valeur propre -1 d'une involution de $\underline{g}$ dont $\underline{k}$ est l'ensemble des points fixes. On fixe une décomposition d'Iwasawa G = K.A.N avec $A \subset P$, et on note a(x) la composante en A de $x \in G$.

(1) L'espace S(G) est un espace de fonctions C^{∞}, vérifiant des conditions

de croissance convenables (cf. infra) qui se réduit à l'espace de Schwartz si $G \cong \mathbb{R}^n$, et joue un rôle similaire dans le cas général. (Rappelons que si U est un ouvert de $\mathbb{R}^n$, S(U) est l'espace des fonctions $f \in E(U)$ telles que $\|f\|_D = \sup |Df(x)| < \infty$ pour tout opérateur différentiel à coefficients polynomiaux, muni des semi-normes définies par $\|f\|_D$.)

Soit $\| \ \|$ une norme invariante par K sur $\underline{g}$. On définit une semi-norme σ sur G par $\sigma(x) = \|X\|$ $(x = k.e^X,\ k \in K,\ X \in p)$. Soit Ξ la fonction sphérique élémentaire définie par

$$\Xi(x) = \int_K a(x.k)^r \, dk$$

(où r est la demi-somme des racines positives). Alors S(G) est l'ensemble des $f \in E(G)$ sur lesquels les semi-normes

$$\nu_{u,p,v}(f) = \sup_{x \in G} |u * f * v| \ (1 + \sigma(x))^p \, \Xi(x)^{-1}$$

$(u, v \in U(\underline{g}),\ p \in \mathbb{Z})$ sont finies.

Muni de ces semi-normes, S(G) est localement convexe, séparé, complet. D(G) est dense dans S(G). Tout élément de S(G) est de carré intégrable, (mais pas nécessairement intégrable). L'injection de S(G) dans $L^2(G)$ est continue.

(2) Un des résultats les plus difficiles de la théorie est le suivant. Si f est K-finie, Z-finie et dans $L^2(G)$, alors $f \in S(G)$ [15, §33].

Cela permet d'utiliser S(G) pour analyser la série discrète.

(3) Une distribution sur G est <u>tempérée</u> si elle se prolonge par continuité en une forme linéaire continue sur S(G). Les distributions θ_b de 8.1(2) et les caractères des représentations de la série discrète sont des distributions tempérées [15, §20; §37, lemma 76].

Soient S une distribution tempérée, centrale, fonction propre de $Z(\underline{g})$, et $\lambda \in R_K$. Alors il existe $p \in \mathbb{Z}$ tel que $\nu_{1,p,1}(e_\lambda * S) < \infty$ [15, Thm. 9, p. 51].

<u>8.3</u>. <u>L'application</u> F_f. Supposons G acceptable. Soit A un sous-groupe de Cartan de G. On reprend les notations du §6. Comme les classes de conjugaison des éléments semi-simples de G sont fermées, il est clair que si $f \in D(G)$, alors $\int_{G/A} f({}^x t)\, dx^*$ est bien définie pour t régulier. On pose

$$F_f^{(A)}(t) = \Delta_A(t)\varepsilon_R(t)\,|W_A|^{-1} \int_{G/A} f({}^x t)\, dx^* \qquad (t \in A')$$

où $\varepsilon_{\mathbb{R}}(t) = \operatorname{sgn} \prod(1-t^{\alpha})$, où α parcourt les racines positives (pour un ordre convenable) qui sont réelles (cf. 8.1(2)).

L'application F_f a notamment les propriétés suivantes:

(1) $f \longmapsto F_f^{(A)}$ se prolonge en une application continue de $S(G)$ dans $S(A'(I))$, où $A'(I)$ est l'ensemble des éléments de A sur lesquels certaines racines (dites imaginaires singulières) ne s'annulent pas [15, lemmata 26, 27].

(2) Si f est Z-finie, dans $S(G)$, et A est non compact, alors $F_f^{(A)} = 0$ (principe de Selberg faible) [15; lemma 64].

[Le principe de Selberg fort s'obtient en juxtaposant le principe faible et 8.2(2); il affirme que si f est Z-finie, de carré intégrable, alors $F_f^{(A)} = 0$ pour A non-compact. Il s'ensuit en particulier que si G et K n'ont pas le même rang, toute fonction Z-finie dans $S(G)$ est nulle.]

(3) Si A est compact, $F_f^{(A)}$ se prolonge en une fonction C^{∞} sur A si $f \in S(G)$. En fait, ce résultat n'est pas mentionné explicitement dans [15]. Il peut se déduire du Théorème 14 et du lemme 70 de ce Mémoire. Mais Harish-Chandra en a donné une démonstration plus directe, et nous l'admettrons aussi, car il permet de rendre plus proche l'analogie entre le cas compact et le cas non compact.

(4) $\tilde{\omega} F_f^{(A)}$ se prolonge en une fonction continue sur A si $f \in S(G)$ (Harish-Chandra, Trans. A.M.S. 119 (1965), 457-508, Cor. to Lemma 40).

8.4. Étant donné le sous-groupe de Cartan A, il existe une constante c telle que

$$c.f(e) = \tilde{\omega}.F_f^{(A)}(e)$$

quelle que soit $f \in D(G)$, (ou $f \in S(G)$ si DG est de centre fini).

La constante c est non-nulle si et seulement si A est fondamental (i.e. si le sous-groupe compact maximal de l'image de A dans $\operatorname{Ad} \mathfrak{g}$ a la plus grande dimension possible). Si A est fondamental, alors $\operatorname{sgn} c = (-1)^q$, où $2q = \dim G/K - \operatorname{rang} G + \operatorname{rang} K$. (Pour $f \in D(G)$, cf. Trans. A.M.S. 119 (1965), 457-508, Lemma 52; pour l'extension à $C(G)$, cf. [15], lemma 38, p. 47.)

§9. La série discrète

9.1. THÉORÈME. [15, Thm. 13, p. 90] Le groupe G a une série discrète non vide si et seulement si G possède un sous-groupe de Cartan compact.

(i) Si $(\ell, L^2(G))$ contient une sous-représentation irréductible (π, V) alors le centre de G est compact (5.13). Soient $u, v \in V_K$. Alors le coefficient $c_{\pi,u,u}$ est une fonction Z-finie, K-finie de $L^2(G)$, donc de $C(G)$ vu 8.2(2), non-nulle si $u \neq 0$. Vu 8.3(2), cela entraine que G et K ont même rang.

Supposons inversément que G possède un tore maximal T de dimension égale à son rang. Soit $b \in X(T)$ régulier et soit θ_b la distribution centrale mentionnée en 8.1(3). Soit K un sous-groupe compact maximal de G contenant T. Il existe une composante de Fourier $\theta_{b,\lambda}$ $(\lambda \in R_K)$ non nulle. C'est une fonction analytique, appartenant à $S(G)$, donc à $L^2(G)$. Le plus petit sous-espace fermé invariant à gauche de $L^2(G)$ contenant $\theta_{b,\lambda}$ est alors somme finie de sous-espaces invariants fermés irréductibles (5.26), donc G a une série discrète non vide.

9.2. Dorénavant, G est acceptable (6.3), de centre compact et G et K ont même rang. Le but du reste de ce paragraphe est de montrer que les θ_b sont, au signe près, les caractères irréductibles de la série discrète de G.

K est un sous-groupe compact maximal de G et T un tore maximal de K, donc un sous-groupe de Cartan de G. On fixe un ordre sur les racines de $\underline{g}_{\mathbb{C}}$ par rapport à $\underline{t}_{\mathbb{C}}$, on note P l'ensemble des racines positives et m le nombre d'éléments de P. On écrit Δ pour Δ_T, donc

$$\Delta(t) = t^{\rho}\prod_{a\in P}(1 - t^{-a}) \qquad (t \in T, \quad 2\rho = \Sigma_{a\in P}a) \quad .$$

On fixe un système de représentants $A_1, \ldots, A_r$ des classes de conjugaison des sous-groupes de Cartan de G dans lequel $A_1 = T$. Le groupe A_i est donc non-compact si $i \geq 2$. On écrit F_f pour $F_f^{(T)}$.

Comme le centre de G est compact, il n'y a pas de distinction à faire entre représentations de carré intégrable ou de carré intégrable modulo le centre (5.14). $RU_d(G)$ ou RU_d est l'ensemble des classes d'équivalence de représentations unitaires irréductibles de carré intégrable de G.

9.3. À une représentation de carré intégrable π on associe (cf. 5.22) le sous-espace fermé M_π de $L^2(G)$ sous-tendu par les coefficients de π. C'est un $G \times G$-module irréductible, et les espaces

$$M_{\pi,\lambda,\mu} = e_\lambda * M_\pi * e_\mu \qquad (\lambda, \mu \in R_K)$$

sont de dimension finie (5.27), mutuellement orthogonaux. L'espace V_π est somme directe hilbertienne des $V_{\pi,\lambda}$, qui sont de dimension finie. Soit (u_i) une base orthonormale de V_π, réunion de bases orthonormales des $V_{\pi,\lambda}$. Alors les vecteurs $f_{ij} = d_\pi^{-1/2} c_{\pi,u_i,u_j}$ forment une base orthonormale de M_π vu les relations d'orthogonalité. Les f_{ij} pour lesquels $u_i \in V_{\pi,\lambda}$, $u_j \in V_{\pi,\mu}$ sous-tendent $M_{\pi,\lambda,\mu}$. Les vecteurs f_{ij} sont K-finis, Z-finis, dans $L^2(G)$, donc (8.2) dans $S(G)$.

Soit $S_\pi(G) = M_\pi \cap S(G)$. Comme la convergence dans $S(G)$ implique la convergence dans $L^2(G)$, le sous-espace $S_\pi(G)$ est fermé dans $S(G)$. Il contient les éléments Z-finis et K-finis de (ℓ, M_π), donc est dense dans M_π.

9.4. LEMME. Soient f un élément Z-fini de S(G) et u une fonction centrale localement sommable. Alors

$$\int_G f.u\,dx = (-1)^m \int_T F_f(t).\Delta(t).u(t).dt \;.$$

En effet, dans la formule 6.4(4), la contribution de A_i peut s'écrire

$$(-1)^m \int u(t)\Delta_i(t).F_f^{(A_i)}(t)\,dt \;.$$

Si $i \geqq 2$, A_i est non-compact, donc $F_f^{(A_i)} = 0$, d'après le principe de Selberg faible (8.3(2)).

9.5. LEMME. [15, lemmata 80, 81] Soient $\pi, \pi' \in R_d(G)$.

(i) $\theta_\pi(f) = \delta_{\check{\pi},\pi'}.d_\pi^{-1}.f(e) \qquad (f \in S_{\pi'}(G))$.

(ii) $F_f = d_\pi^{-1}.f(e).\Delta.\theta_\pi \qquad (f \in S_\pi(G))$.

(Rappelons que $\check{\pi}$ est la représentation contragrédiente de π.) Dans la suite, on posera $\Phi_\pi = \Delta.\theta_\pi$ et $\Phi_b = \Delta.\theta_b$. Ce sont des fonctions continues sur T.

(i) Soit $g \in D(G)$. Alors, dans les notations de 9.3,

$$\theta_\pi(g) = \Sigma_i(\pi(g).u_i, u_i) = \Sigma_i \int g(x)\,(\pi(x).u_i, u_i)\,dx \;,$$
(1)
$$\theta_\pi(g) = \Sigma_i \int_G g(x).c_{\pi, u_i, u_i}(x)\,dx = \Sigma(f_{ii}, \bar{g}) \;.$$

Fixons $\lambda, \mu \in R_K$. Si $g \in S(G)_{\lambda,\mu}$, alors $\bar{g} \in S(G)_{\check{\lambda},\check{\mu}}$ et est orthogonal à $S(G)_{\lambda',\mu'}$ lorsque $(\check{\lambda}, \check{\mu}) \neq (\lambda', \mu')$. Les produits scalaires $(f_{i,i}, \bar{g})$ ne peuvent être différents de zéro que si $\lambda = \mu$ et $u_i \in V_{\pi,\check{\lambda}}$, donc seulement si i parcourt un ensemble fini d'entiers ne dépendant que de λ. Comme $D(G)_{\lambda,\mu}$ est dense dans $S(G)_{\lambda,\mu}$, il s'ensuit, par continuité, que (1) est valable pour $g \in S_{\pi'}(G)_{\lambda,\mu}$, et en particulier pour $g = c_{\pi', u, v}$ $(u \in V_{\pi',\lambda}, \; v \in V_{\pi',\mu})$.

Soit $\pi' \neq \check{\pi}$. Alors (5.20) $(\bar{g}, f_{ii}) = 0$ pour tout i, donc $\theta_\pi(g) = 0$.

Soit $\pi' = \check{\pi}$. Alors 5.15 donne, vu que $c_{\pi', u, v}(e) = (u, v)$

$$\theta_\pi(g) = d_\pi^{-1}.g(e)$$

pour $g = c_{\pi', u_i, u_j}$. Comme les coefficients c_{π', u_i, v_j} sont denses dans $S_{\pi'}(G)$, et que θ_π est continue sur $S(G)$, cela établit (i).

(ii) Par continuité, il suffit de considérer le cas où $f = c_{\pi, u, v}$, avec $u \in V_{\pi,\lambda}$, $v \in V_{\pi,\mu}$.

Les deux membres de (ii) sont des fonctions continues sur T. Il suffit de montrer qu'ils sont égaux en tant que distributions sur T'. Les deux membres étant anti-invariants par rapport à W_T, il suffit (6.5) de montrer que l'on a

(2) $$\int_T F_p(t)\,F_f(t)\,dt = d_\pi^{-1}.f(e)\int_T F_p(t)\Delta(t).\theta_\pi(t).dt \qquad (p \in D({}^G T')) \;.$$

On a, vu 9.4 et l'hypothèse sur p

(3) $$\theta_\pi(p) = \int_G p.\theta_\pi\,dx = (-1)^m \int F_p \Delta\theta_\pi\,dt \;.$$

D'autre part, 5.16, donne

$$\theta_\pi(p).(u, v).d_\pi^{-1} = \int_G (\pi(x)\pi(p)\pi(x^{-1})u, v)\,dx$$

donc

(4) $$\theta_\pi(p).(u, v).d_\pi^{-1} = |W_T|^{-1}(-1)^m \int_G dx \int_T dt\,\Delta(t)^2 \int_{G/T} p({}^y t).(\pi({}^{xy}t).u, v)\,dy^* .$$

Admettons provisoirement que l'on peut permuter l'ordre des intégrations à droite. On a

$$\int_G (\pi({}^{xy}t)u,\ v)\,dx = \int_G (\pi({}^{x}t)u,\ v)\,dx = \Delta(t)^{-1}.F_f(t) \ .$$

Le membre de droite s'écrit donc

$$(-1)^m |W_T|^{-1} \int_T dt\ \Delta(t)\ F_f(t) \int_{G/T} p({}^{y}t)\,dy^*$$

d'où

(5) $$\theta_\pi(p).(u,\ v).d_\pi^{-1} = (-1)^m \int_T F_f.F_p\,dt \ ,$$

et (2) résulte de (3), (5) et $f(e) = (u,\ v)$.

Il reste à montrer que l'on peut permuter les intégrations dans le membre de droite de (4). Pour cela, il suffit de faire voir

$$\int_G \int_T \int_{G/T} |p({}^{y}t)|\,|\Delta(t)|^2\ |f({}^{xy}t)|\ dx\,dt\,dy^* < \infty \ ,$$

et comme l'intégrant est positif, les trois intégrations peuvent être prises dans n'importe quel ordre. Soit $q = |p|$. Comme

$$\int_G |f({}^{xy}t)|\ dx = \int_G |f({}^{x}t)|\ dx$$

on est ramené à montrer la finitude de

$$\int_G \int_T F_q(t)\,|\Delta(t)|\,|f({}^{x}t)|\ dt\,dx \ .$$

Il existe une partie compacte L de T' telle que q soit nulle en dehors de ${}^{G}L$; il en résulte que F_q est continue et nulle en dehors de L, donc bornée sur T. Il suffit alors de savoir que $|\Delta(t)|.\int |f({}^{x}t)|\ dx$ est bornée sur T'. Cela résulte de propriétés de l'espace $S(G)$ (voir [15, Theorem 5]).

9.6. PROPOSITION. [15; Cor. 1, p. 93] Soit $\pi,\ \pi' \in RU_d(G)$. Alors

$$\int_T |\Delta(t)|^2\ \overline{\theta_\pi(t)}.\theta_{\pi'}(t) = \delta_{\pi,\pi'}\ |W_T| \ .$$

Soit $f \in S_{\pi'}(G)$. Vu 9.4, on a

$$\theta_\pi(f) = (-1)^m \; |W_T|^{-1} \int F_f . \Phi_\pi \, dt \; .$$

Mais $F_f = f(e).d_{\pi'}^{-1} \; \Phi_{\pi'}$ d'après 9.5(ii), d'où

(1) $$\theta_\pi(f) = (-1)^m . |W_T|^{-1} . d_\pi^{-1} . f(e). \int_T \Phi_{\pi'} . \Phi_\pi \, dt \; .$$

D'après 9.5(i)

(2) $$\theta_\pi(f) = \delta_{\pi', \pi^*} . d_\pi^{-1} . f(e) \; .$$

Comme on peut trouver $f \in S_{\pi'}(G)$ non nul en e, on obtient

$$|W_T| \delta_{\pi', \pi^*} = (-1)^m \int_T \Phi_{\pi'} \Phi_\pi \, dt \; .$$

On a

$$(-1)^m \Phi_{\pi'} = (-1)^m \Delta . \theta_{\pi'} = \overline{\Delta} \; \overline{\theta_{\pi'^*}} = \overline{\Phi_{\pi'^*}}$$

d'où la proposition.

__9.7.__ THÉORÈME. [15, Cor. 2, p. 76] __Il existe une constante__ $c \neq 0$ __telle que l'on ait__

$$c. f(e) = \Sigma_{b \in X(T)} \; \widetilde{\omega}(b) \; \theta_b(f)$$

__pour tout élément__ Z-__fini de__ S(G).

Soit b un élément régulier de $X(T)$. Le caractère θ_b est une fonction centrale localement sommable. Soit f an élément Z-fini de $S(G)$. D'après 9.4, on a

(1) $$\theta_b(f) = (-1)^m \int_T F_f(t) \; \theta_b(t) \Delta(t) \, dt \; .$$

Pour $t \in T'$, on a

$$\Delta(t) . \theta_b(t) = \Sigma_{w \in W_T} \; \varepsilon(w) \; t^{w(b)} \; .$$

Comme F_f est anti-invariant pour W_T, on obtient

(2) $$\theta_b(f) = (-1)^m |W_T| \int F_f(t) . t^b \, dt \; .$$

D' autre part, la formule 8.4 donne

$$c_o f(e) = \widetilde{\omega F}_f(e) \quad .$$

Mais $\widetilde{\omega F}_f$ est C^∞ sur T (8.3), donc

$$\widetilde{\omega F}_f(e) = \Sigma_{b \in X(T)} \int \widetilde{\omega F}_f(t).t^b \, dt \quad ,$$

et un calcul identique à celui fait en 7.3 donne

$$\widetilde{\omega F}_f(e) = \Sigma_{b \in X(T)'} \tilde{\omega}(b) \int F_f(t)\, t^b \, dt$$

d'où le résultat, avec

(3) $$c = c_o.(-1)^q |W_T|^{-1} \quad .$$

9.8. COROLLAIRE. (i) Soit f une fonction propre non nulle de $Z(\underline{g})$ dans S(G). Alors il existe $b \in X(T)'$ tel que $z.f = \chi_b(z).f \ (z \in Z(\underline{g}))$.

(ii) Soit $\pi \in R_d(G)$. Alors le caractère infinitésimal χ_π de π est de la forme $\chi_b \ (b \in X(T)')$.

(i) Soit χ le poids de f. On a

(1) $$\theta_b(zf) = \theta_b(\chi(z)f) = \chi(z)\ \theta_b(f) \, , \qquad (z \in Z(\underline{g})) \quad ,$$

et d'autre part

(2) $$\theta_b(zg) = \check{z}\theta_b(g) = \chi_b(\check{z})\ \theta_b(g) = \chi_{-b}(z).\theta_b(g) \quad (g \in S(G)) \quad .$$

Si $\chi \neq \chi_{-b}$ il existe $z \in Z(\underline{g})$ tel que $\chi(z) \neq \chi_{-b}(z)$, d'où $\theta_b(f) = 0$. Par conséquent, si $\chi \neq \chi_b$ pour tout $b \in X(T)'$, alors $f(e) = 0$ vu 9.7. En appliquant cela aux translatés de f, on voit que $f \equiv 0$.

(ii) Soit f un coefficient K-fini, non nul d'une représentation de classe π. C'est un élément de S(G), vu 8.2, qui est par construction une fonction propre de poids χ_π de $Z(\underline{g})$, donc (ii) résulte de (i).

9.9. LEMME. [15; lemma 83, p. 98] Soit π une représentation unitaire irréductible de G, et soit $n(\lambda)$ la multiplicité de $\lambda \in R_K$ dans $V_{\pi,\lambda}$. Alors la série de distributions $S = \Sigma n(\lambda)\Delta.\xi_\lambda$ converge dans D'(T). Cette distribution est égale à $\Delta\theta_\pi$ sur T'.

On utilisera à plusieurs reprises le fait que W_T est le groupe de Weyl de K par rapport à T.

Soient L un revêtement fini acceptable de K, $p : L \longrightarrow K$ la projection canonique, et $T_o = p^{-1}(T)$. Alors la demi-somme des racines positives de L est un caractère de T_o. La fonction $\Delta_o = \Delta_{T_o}$ est définie sur T_o et l'on a $\Delta \circ p = \Delta_o . \Delta_1$ où Δ_1 est une fonction sur T_o^o. Pour démontrer la première assertion, il suffit évidemment de faire voir que $\Sigma n(\lambda) (\Delta \circ p)\xi_\lambda$ converge dans $D'(T_o)$, et pour cela, on peut se borner à montrer que $\Sigma n(\lambda)\Delta_o . \xi_\lambda$ converge dans $D'(T_o)$.

On sait (5.27) qu'il existe une constante c telle que

$$(1) \qquad n(\lambda) \leqq c . d(\lambda) \qquad (\lambda \in R_K) .$$

Reprenons les notations du §2. Il existe un élément $t \in Z(\underline{k})$ tel que $\pi_\lambda(t) = c(\lambda)^m . Id$ et que la série $\Sigma d(\lambda)^2 \, c(\lambda)^{-m}$ converge (2.7). Soit u l'image de t dans $I(W_T) = I(W_L)$ par l'homorphisme canonique γ (1.2). Alors, vu 2.4(5) et 1.9, on a

$$(2) \qquad \tilde{u} . (\Delta_o \xi_\lambda) = c(\lambda)^m \Delta_o . \xi_\lambda \, ,$$

(où l'on a écrit $\tilde{u}$ pour $\check{u}^*$). $\check{u}$ est l'adjoint de u, comme opérateur différentiel. Alors

$$\int \check{u}f \, \Delta_o . \xi_\lambda \, dt - \int f . u(\Delta_o . \xi_\lambda) \, dt = c(\lambda)^m \int f \, \Delta_o . \xi_\lambda \, dt \, .$$

Comme $|\xi_\lambda|_\infty \leqq d(\lambda)$, cela entraine, vu (1),

$$n(\lambda) \left| \int f . \Delta_o \xi_\lambda \, dt \right| \leqq c . c(\lambda)^{-m} d(\lambda)^2 \, |\check{u}f|_\infty$$

d'où l'existence d'une constante c' telle que

$$(3) \qquad \Sigma n(\lambda) \left| \int f . \Delta_o . \xi_\lambda \, dt \right| \leqq c' . |u^* f|_\infty$$

ce qui démontre la première assertion.

La deuxième équivaut à

$$(4) \qquad \int \Phi_\pi . f . dt - \Sigma n(\lambda) \int f . \Delta\xi_\lambda \, dt \qquad (f \in D(T'))\, .$$

Fixons $f \in D(T')$. Posons

(5) $$g(t) = \Sigma_{w\in W_T} \varepsilon(w)\, f(w(t)) \qquad (t \in T') .$$

On a

$$\Delta_o^2(t) = t^{2r_K} \prod (1 - t^{-a})^2$$

où a parcourt les racines positives de K et $2r_K$ est la somme de ces racines, donc Δ_o^2 est une fonction sur T, visiblement invariante par W_T. Comme g(t) et Δ sont anti-invariantes par W_T, le produit $g(t).\Delta_o^{-2}.\Delta$ est invariant par W_T, à support dans T'. Il existe donc une unique fonction v, indéf. diff., centrale sur K, à support dans l'ensemble K' des éléments réguliers de K, et égale à ce produit sur T'. On a, par définition:

(6) $$v({}^k t) = g(t).\Delta_o(t)^{-2}.\Delta(t) \qquad (t \in T',\ k \in K) .$$

Montrons que

(7) $$\operatorname{tr} \pi_K(v) = (-1)^s . S(f), \quad (S = \Sigma_\lambda n(\lambda)\Delta.\xi_\lambda) .$$

où s est le nombre de racines positives de K.

En prenant une base orthonormale de V_π formée de vecteurs appartenant aux espaces $V_{\pi,\lambda}$, on voit tout de suite que

(8) $$\operatorname{tr}(\pi_K(v)) = \Sigma n(\lambda) \operatorname{tr} \pi_\lambda(v) = \Sigma n(\lambda) \int_K v(k)\, \xi_\lambda(k)\, dk .$$

Mais on a (7.1(5)):

$$\int v.\xi_\lambda\, dk = (-1)^s |W_T|^{-1} \int v(t)\Delta_o(t)^2 . \xi_\lambda(t)\, dt = (-1)^s |W_T|^{-1} \int g(t)\Delta(t)\xi_\lambda(t)\, dt .$$

Comme Δ est anti-invariant, on en tire, vu (5)

(9) $$\int_K v\, \xi_\lambda\, dk = (-1)^s \int_T f(t).\Delta(t)\xi_\lambda(t)\, dt$$

et (7) résulte de (8), (9).

Soit $h \in D(G)$, invariante à droite par K, dont l'intégrale sur G est égale à un. L'application $(x, t) \longmapsto h(x).g(t).\Delta(t)^{-1}$ de $G \times T'$ dans $\mathbb{C}$ définit une fonction sur $G/T \times T'$ invariante par W_T, opérant par $w.(gT, t') = (gw^{-1}T, wt'w^{-1})$, où $w \in W_T$, $g \in G$, $t' \in T'$, donc cette application définit une fonction C^∞, à support compact, sur l'espace $(G/T \times T')/W_T$, qui s'identifie à Int $G(T') = {}^{G}T'$. Il existe donc $u \in D({}^{G}T')$ telle que

(10) $$u({}^{x}t) = h(x)g(t)\Delta(t)^{-1} \qquad (x \in G;\ t \in T') .$$

Montrons que l'on a

(11) $$\theta_{\pi}(u) = (-1)^{m}\int f(t)\ \Phi_{\pi}\ dt .$$

Comme u a son support dans ${}^{G}T'$, la formule 6.4(4) donne

$$\begin{aligned}\theta_{\pi}(u) &= (-1)^{m}|W_{T}|^{-1}\int_{T}\int_{G} u({}^{x}t)\Delta(t)^{2}\ \theta_{\pi}(t)\ dt\ dx\\ &= (-1)^{m}|W_{T}|^{-1}\int_{T}\int_{G} h(x)g(t)\Phi_{\pi}(t)\ dt\ dx\\ &= (-1)^{m}|W_{T}|^{-1}\int_{T} g(t)\Phi_{\pi}(t)\ dt\end{aligned}$$

puisque $\int h(x)\ dx = 1$. Mais, Φ_{π} étant anti-invariant, on tire de (5) que

$$|W_{T}|^{-1}\int g.\Phi_{\pi}\ dt = \int f.\Phi_{\pi}\ dt$$

d'où (11). Vu (7), il reste donc, pour démontrer (4), à prouver

(12) $$\theta_{\pi}(u) = (-1)^{m+s} tr\ \pi_{K}(v) .$$

On a, vu 6.4(4):

$$\begin{aligned}\pi(u) &= \int_{G} u(x)\ \pi(x)\ dx = (-1)^{m}|W_{T}|^{-1}\int_{T}\int_{G} u({}^{x}t).\ \Delta(t)^{2}\ \pi({}^{x}t)\ dx\ dt\\ &= (-1)^{m}|W_{T}|^{-1}\int_{G/T}\int_{T} h(x)\ g(t)\Delta(t)\ \pi({}^{x}t)\ dx\ dt .\end{aligned}$$

Vu que h est invariante à droite par K, on obtient

$$\pi(u) = (-1)^{m}|W_{T}|^{-1}\int_{K}\int_{G}\int_{T} dx\ dk\ dt\ \ h(x)\ g(t)\Delta(t)\ \pi({}^{xk}t) .$$

Mais on a, par définition,

$$g(t)\Delta(t) = \Delta_{o}(t)^{2} v({}^{k}t) \qquad (t \in T,\ k \in K)$$

donc

$$\pi(u) = (-1)^{m}|W_{T}|^{-1}\int_{G} h(x)\pi(x).\{\int_{T}\int_{K} v({}^{k}t).\ \Delta_{o}(t)^{2}.\ \pi({}^{k}t).dk\ dt\}.\pi(x^{-1})\ dx$$

L'intégrale intérieure n'est autre que $(-1)^s \pi_K(v)|W_T|$, d'où

$$\theta_\pi(u) = \mathrm{tr}\ \pi(u) = (-1)^{m+s}\mathrm{tr}\int h(x)\pi(x).\pi_K(v).\pi(x^{-1})\,dx$$

$$\theta_\pi(u) = (-1)^{m+s}\int h(x)\mathrm{tr}\ \pi_K(v)\,dx = (-1)^{m+s}\mathrm{tr}\ \pi_K(v) \ .$$

9.10. THÉORÈME. [16; Thm. 16, p. 96] Les caractères des éléments de $RU_d(G)$ sont les distributions

$$(-1)^q.\varepsilon(b)\theta_b. \quad (b \in X(T)'; \quad 2q = \dim G/K; \quad \varepsilon(b) = \mathrm{sgn}\,\tilde{\omega}(b)) \ .$$

Deux représentations de caractères $(-1)^q\varepsilon(b)\theta_b$, $(-1)^q\varepsilon(c)\theta_c$ sont équivalentes si et seulement si $b \in W_T(c)$, et ont même caractère infinitésimal si et seulement si $b \in W(c)$, $(W = W(\underline{g}_c, \underline{t}_c)$, $W_T = W(K, T))$.

Soit π une représentation irréductible de carré intégrable, et soit $b \in X(T)'$ tel que $\chi_\pi = \chi_b$ (9.8). Soit s_i $(1 \leq i \leq r)$ un système de représentants pour $W_T\backslash W$, avec $s_1 = e$. Il résulte immédiatement de la formule

$$\Delta(t).\theta_c(t) = \Sigma_{w\in W_T}\varepsilon(w)\,t^{w(c)}\ , \qquad (t \in T';\ c \in X(T)')$$

que les $\theta_{s_i(b)}$ sont tous les θ_c distincts de caractère χ_π.

Montrons qu'il existe des constantes c_i telles que

$$(1) \qquad \theta_\pi = \Sigma_i\, c_i\, \theta_{s_i(b)} \ .$$

Les produits $\Phi_\pi = \Delta\theta_\pi$, $\Phi_c = \Delta.\theta_c$ sont des fonctions analytiques sur T (8.1). On a

$$(2) \qquad \gamma(z).\Phi_\pi = \chi_\pi(z).\Phi_\pi \qquad (z \in Z(\underline{g}))$$

$$(3) \qquad \gamma(z).\Phi_c = \chi_c(z).\Phi_c \qquad (z \in Z(\underline{g});\ c \in X(T)')$$

où γ désigne, comme d'habitude l'isomorphisme canonique de $Z(\underline{g})$ sur l'anneau $I(W)$ des invariants du groupe de Weyl dans $\underline{t}_{\mathbb{C}}$. Cela résulte du fait que θ_π (resp. θ_c) est fonction propre de $Z(\underline{g})$ de poids χ_π (resp. χ_c) et de la formule (1.9):

$$\Delta(zf)_{|T} = \gamma(z)(\Delta.f_{|T}) \ .$$

(2) peut s'écrire

(4) $$u.\Phi_\pi = u(b).\Phi_\pi \qquad (u \in I(W)) .$$

Parmi les solutions de ce système d'équations différentielles se trouvent les $|W|$ fonctions $t^{w(b)}$ $(w \in W)$, qui sont linéairement indépendantes. Mais $S(\underline{t}_{\mathbb{C}})$ est un module libre de rang $|W|$ sur $I(W)$, donc les $t^{w(b)}$ forment une base de l'espace des solutions de (4). Il est alors immédiat que les sommes

(5) $$\Phi_{s_i(b)} = \Sigma_{w \in W_T} .\varepsilon(w)\, t^{ss_i(b)}$$

forment une base de l'espace des solutions de (4) qui sont anti-invariantes par rapport à $W_{T'}$, d'où l'existence de constantes c_i telles que

(6) $$\Phi_\pi = \Sigma\, c_i \Phi_{s_i(b)} .$$

La différence $\theta = \theta_\pi - \Sigma\, c_i \theta_{s_i(b)}$ est alors une distribution tempérée, centrale qui est nulle sur T' vu (6). On veut en déduire que θ est identiquement nulle. Il suffit pour cela de montrer que ses composantes de Fourier $\theta_\lambda = e_\lambda * \theta$ $(\lambda \in R_K)$ sont nulles. Ces dernières sont des éléments K-finis et Z-finis de L^2, donc de $S(G)$ (8.2). Soit f un élément Z-fini de $S(G)$. On a, compte tenu de 9.4

$$\theta_\lambda(f) = \theta(e_\lambda * f) = (-1)^m \int F_g.\Delta\theta dt , \qquad (g = e_\lambda * f) .$$

Mais $\Delta\theta = 0$ sur T, donc $\theta_\lambda(f) = 0$. D'autre part, on a $\theta_\lambda(u) = (\theta_\lambda, \overline{u})$ si $u \in D(G)$. Comme $D(G)$ est dense dans $S(G)$, et que la convergence dans $S(G)$ implique la convergence dans L^2, on a en particulier

(7) $$0 = \theta_\lambda(f) = (\theta_\lambda, \overline{f}) \text{ quelle que soit } f \in S(G) .$$

En prenant $f = \overline{\theta}_\lambda$, on voit que $\theta_\lambda = 0$, ce qui termine la démonstration de (1).

On a $\int_T \Phi_\pi \overline{\Phi}_\pi dt = |W_T|$ d'après 9.6. D'autre part, un calcul immédiat donne

$$\int_T \Phi_b \overline{\Phi}_c\, dt = \begin{cases} 0 & c \notin W_T(b) \\ |W_T| & c \in W_T(b) \end{cases} ,$$

donc (1) entraine

(8) $$\Sigma_i |c_i|^2 = 1 \quad .$$

Nous montrerons maintenant l'existence d'un indice i tel que c_i soit un entier non nul, ce qui, vu (1), (8), prouvera l'existence de $b \in X(T)'$ tel que

(9) $$\theta_\pi = \pm \theta_b \quad .$$

Soit $n(\lambda)$ la multiplicité de $\lambda \in R_K$ dans π. On a vu (9.9) que la somme $\Sigma\, n(\lambda)\Delta\xi_\lambda$ est une distribution S sur T et que la distribution

$$U = \Phi_\pi - S$$

a son support dans l'ensemble $T - T'$ des éléments singuliers de T. Ce dernier est l'ensemble des zéros de Δ. Comme T est compact, il existe donc un exposant p tel que $\Delta^p . U = 0$, autrement dit tel que

$$\int \theta_\pi \Delta^{p+1} f\, dt = \Sigma n(\lambda) \int f\, \Delta^p . \xi_\lambda . dt \qquad (f \in D(T)) \quad .$$

Soit c le plus grand caractère de T intervenant dans Φ_π (pour l'ordre fixé sur $X(T)$), et soit j un indice tel que c figure dans $\Phi_{s_j b}$. On a donc $c_j \neq 0$ et il suffit de montrer que $c_j \in \mathbb{Z}$. Le plus grand caractère de $\Delta^p . \Phi_\pi$ est alors $c + p.r.$ Prenons $f = -(c + pr)$. Alors le membre de gauche est égal à c_j. Mais le membre de droite est une combinaison linéaire à coefficients entiers d'intégrales de caractères de T, donc est un entier.

Montrons maintenant que étant donné $b \in X(T)'$, il existe $\pi \in R_d(G)$ tel que $\theta_b = \pm \theta_\pi$. Pour cela, il suffit de faire voir que si $\theta_b \neq \pm \theta_\pi$ pour tout π, alors les composantes de Fourier $\theta_{b,\lambda}$ $(\lambda \in R_K)$ de θ_b sont nulles.

$f = \theta_{b,\lambda}$ est K-fini, Z-fini, dans L^2, donc (5.28) si $f \neq 0$, le plus petit sous-espace fermé de L^2 stable par G contenant $\theta_{b,\lambda}$ est somme directe d'un nombre fini de sous-espaces irréductibles V_i $(1 \leq i \leq m)$. Soit θ_i le caractère de la restriction π_i de ℓ à V_i. Vu ce qui a déjà été établi, il existe $b_i \in X(T)'$ tel que $\theta_i = \pm \theta_{b_i}$.

On a $f = \Sigma f_i$ $(f_i \in V_i)$, avec f_i K-fini, donc différentiable, et Z-fini. La fonction $\theta_{b,\lambda}$ est par suite dans $S(G)$. On a alors (9.5)

$$F_{f_i} = f_i(e) d_{\pi_i}^{-1} . \Phi_{b_i} \quad ,$$

d'où l'existence de constantes c_i telles que

(13) $$F_f = \Sigma\, c_i . \Phi_{b_i} \quad .$$

Par hypothèse $\pm\, \theta_b$ n'est pas un caractère de la série discrète. Il en est donc de même de $\overline{\theta}_b$, donc

$$\int_T \overline{\Phi}_b . \Phi_{b_i}\, dt = 0$$

et vu (13):

$$\int_T \overline{\Phi}_b . F_f\, dt = 0 \quad .$$

9.4 montre que cela signifie:

$$\overline{\theta}_b(f) = \int_G \overline{\theta}_b\, f\, dx = 0 \quad .$$

On a $f = \theta_{b,\lambda} = e_\lambda * \theta_b$, donc $f = e_\lambda * f$ et par suite, comme $(\overline{\theta}_b)_\lambda = \overline{\theta}_{b,\lambda}$,

$$\overline{\theta}_b(f) = \overline{\theta}_{b,\lambda}(f) = \int |\theta_{b,\lambda}|^2\, dt = 0$$

donc $\theta_{b,\lambda} = 0$ sur T, et $\theta_b = 0$ sur T', ce qui est absurde.

Les relations d'orthogonalité 9.6 impliquent que les caractères d'un nombre fini d'éléments distincts de $R_d(G)$ sont linéairement indépendants. Étant donné $b \in X(T)'$, il existe donc une et une seule constante $c(b) = \pm 1$ telle que $c(b)\theta_b$ soit un caractère de la série discrète. Comme $\theta_{w(b)} = \varepsilon(w)\theta_b$ $(w \in W_T)$, on a aussi $c(w(b)) = \varepsilon(w)c(b)$ $(w \in W_T)$.

D'après 9.7 il existe une constante c réelle, non nulle telle que

$$c . f(e) = \Sigma_b \tilde{\omega}(b)\theta_b(f) \qquad (f \in S(G))$$

et $$\operatorname{sgn} c = (-1)^q , \quad (2q = \dim G/K) \quad .$$

On a $\tilde{\omega}(b) = \prod_{a>0} (a, b)$ donc

$$\tilde{\omega}(w(b)) = \varepsilon(w) . \tilde{\omega}(b) \qquad (b \in X(T)'; \ w \in W) \quad .$$

On peut donc écrire

$$c . f(e) = |W_T| \Sigma_{b \in X(T)'/W_T}\, \tilde{\omega}(b) . \theta_b(f) \quad .$$

Soit π une représentation irréductible de carré intégrable dont le caractère θ_π soit égal à $c(b).\theta_b$. Soit $f \in S_{\check{\pi}}(G)$. D'après 9.5, et ce qui a déjà été démontré, on a alors

$$c(b).\theta_b(f) = \theta_\pi(f) = d_\pi^{-1}.f(e)$$

$$\theta_d(f) = 0 \qquad (d \in X(T)'; \ d \notin W_T(b))$$

donc

$$c.f(e) = \tilde{\omega}(b)c(b)^{-1}d_\pi^{-1}.f(e)\,|W_T| \ .$$

Comme $d_\pi > 0$ et que l'on peut trouver $f \in S_{\check{\pi}}(G)$ non nulle à l'origine, cela montre que

$$c(b) = \operatorname{sgn} c.\operatorname{sgn} \tilde{\omega}(b) = (-1)^q.\varepsilon(b)$$

et aussi, incidemment, que

$$d_\pi = |\tilde{\omega}(b)|c^{-1}.(-1)^q|W_T| \ .$$

Cela termine la démonstration de la première assertion du théorème. La deuxième résulte alors du fait que deux représentations sont équivalentes si et seulement elles ont même caractère (5.11), et la troisième de ce que $\chi_b = \chi_c$ si et seulement si $c \in W(b)$.

BIBLIOGRAPHIE

[1] N. Bourbaki, Intégration, Chapitres VII, VIII, Act. Sci. Ind. 1306, Hermann, Paris (1963).

[2] F. Bruhat, Sur les représentations induites des groupes de Lie, Bull. S. M. France 84 (1956), 97-205.

[3] J. Dixmier, Les algèbres d'opérateurs dans l'espace de Hilbert (Algèbres de von Neumann), Cahiers Scientifiques XXV, Gauthier-Villars, Paris, 2ème édition 1969).

[4] ————, Les C^*-algèbres et leurs représentations, Cahiers-Scientifiques XXIX, Gauthier-Villars, Paris (1969).

[5] N. Dunford and J. T. Schwartz, Linear Operators, pure and applied math. VII, 2 volumes, Interscience, New York (1963).

[6] R. Godement, Sur les relations d'orthogonalité de V. Bargmann, C. R. Acad. Sci. Paris 225 (1947), 521-523, 657-659.

[7] ————, A theory of spherical functions I, Trans. A.M.S. 73 (1952), 496-556.

[8] ————, Théorie des caractères I, II, Annals of Math. (2) 59 (1954), 47-62, 63-85.

[9] Harish-Chandra, On some applications of the universal enveloping algebra of a semisimple Lie algebra, Trans. A.M.S. 70 (1950), 28-96.

[10] ————, Representations of a semisimple Lie group on a Banach space I, ibid. 75 (1953), 185-243.

[11] ————, Representations of semisimple Lie groups II, ibid. 76 (1954), 26-65.

[12] ————, Representations of semisimple Lie groups III, ibid. 76 (1954), 234-273.

[13] ————, The characters of semisimple Lie groups, ibid. 83 (1956), 98-163.

[14] ————, Discrete series for semisimple Lie groups I, Acta Mathematica 113 (1965), 241-318.

[15] ————, Discrete series for semisimple Lie groups II, ibid. 116 (1966), 1-111.

[16] ————, Harmonic analysis on semisimple Lie groups, Bull. A.M.S. 76 (1970), 529-551.

[16a] ————, On the theory of the Eisenstein integral (to appear).

[17] S. Helgason, Differential Geometry and Symmetric Spaces, pure and applied math. XII, Interscience, New York (1962).

[18] G. W. Mackey, The theory of group representations, Mimeographed Notes, University of Chicago (1955).

[19] ———, Infinite dimensional group representations, Bull. A.M.S. 69 (1963), 628-686.

[20] Séminaire S. Lie, Théorie des algèbres de Lie-Topologie des groupes de Lie, Notes polycopiées, Inst. H. Poincaré, Paris (1955).

[21] G. Schiffmann, Introduction aux travaux de Harish-Chandra, Sém. Bourbaki 14 (1966-7), Exp. 323.

[22] J-P. Serre, Algèbres de Lie semi-simples complexes, Lecture Notes, Benjamin, New York (1966).

[23] G. Warner, Harmonic analysis on semi-simple Lie groups, 2 volumes, Grundlehren d. math. wiss. 188, 189, Springer (1972).

Index terminologique